Umang Jain

Componentes voláteis no leite materno

Umang Jain

Componentes voláteis no leite materno

Construir a base para futuras preferências alimentares...

ScienciaScripts

Imprint

Cover image: www.ingimage.com

This book is a translation from the original published under ISBN 978-3-659-86766-8.

Publisher:
Sciencia Scripts
is a trademark of
Dodo Books Indian Ocean Ltd. and OmniScriptum S.R.L publishing group

120 High Road, East Finchley, London, N2 9ED, United Kingdom
Str. Armeneasca 28/1, office 1, Chisinau MD-2012, Republic of Moldova, Europe
Managing Directors: Ieva Konstantinova, Victoria Ursu
info@omniscriptum.com

Printed at: see last page
ISBN: 978-620-8-57972-2

Conteúdo

RECONHECIMENTO

Gostaria de expressar a minha gratidão ao Dr. Gordon Morris (professor catedrático de Ciências Forenses e Analíticas no Departamento de Ciências Químicas e Biológicas da Universidade de Huddersfield, Reino Unido) pelo seu apoio, supervisão e encorajamento durante todo o meu projeto. Os seus conselhos técnicos foram essenciais para a realização deste trabalho de investigação.

Além disso, estou grato ao meu supervisor de laboratório, Richard Hughes, por me ter ajudado com o aparelho experimental e os materiais.

Por último, gostaria de apresentar os meus cumprimentos à Dra. Pauline Balac (diretora do curso de Mestrado em Ciências da Nutrição e da Alimentação, Universidade de Huddersfield, Reino Unido) por me ter dado esta oportunidade.

DEDICAÇÃO

Gostaria de dedicar esta investigação e tudo o que faço à minha mãe, a Sra. Poonam Jain .

Para além dela, estive sempre rodeada de um homem forte e solidário, o meu irmão mais novo, o Sr. Himanshu Jain.

Eu não seria quem sou hoje sem o amor e o apoio destas duas pessoas maravilhosas na minha vida.

RESUMO

Antecedentes e objetivo

A infância é a fase da vida de um indivíduo em que ele/ela estabelece o marco para a experimentação de vários sabores na alimentação. A primeira experiência do bebé é com o leite. Dependendo do facto de a criança ser alimentada com leite materno, leite em pó ou leite de vaca, as escolhas alimentares e de sabores da criança durante o período de desmame e mais tarde na vida são afectadas. Existem provas que demonstram que o leite materno, dependendo da dieta, muda sempre de composição, alterando assim as suas qualidades sensoriais. Isto não acontece no caso do leite de fórmula e do leite de vaca, a menos que o fabricante faça algumas alterações. Por conseguinte, neste projeto, são analisados os componentes voláteis do leite materno que afectam o seu sabor e aroma.

Método

Dezasseis amostras de leite materno, uma amostra de leite em pó e uma amostra de leite meio-gordo foram testadas num cromatógrafo de gás para determinar os seus componentes voláteis. Foi fornecida a dieta correspondente a cada amostra de leite materno. As condições de teste do aparelho foram alteradas ao longo do tempo para obter resultados fiáveis para os componentes voláteis constituintes e as suas áreas de pico (quantidades). Foram efectuadas comparações entre o leite materno, o leite de fórmula e o leite de vaca, o que inclui uma comparação baseada na dieta consumida. Foi efectuado um teste de qui-quadrado no SPSS para verificar se o efeito do álcool, do tabaco, do iogurte e do chá era significativo ou não.

Resultados e discussão

Os resultados mostraram que o leite materno, o leite de vaca e o leite em pó continham compostos semelhantes, mas em quantidades diferentes, o que foi demonstrado pelas suas áreas de pico. Para além disso, a dieta da mãe lactante e a fisiologia das mamas foram responsáveis pelas principais diferenças entre cada amostra de leite materno. Por exemplo, o consumo de álcool, carne, legumes, iogurte e tabagismo mostrou um efeito significativo na composição volátil do leite. Para além disso, houve diferenças nos constituintes encontrados entre as amostras de diferentes peitos ao mesmo tempo, depois de terem tido a mesma dieta. Afirmando que o leite materno desempenha um papel nas percepções de sabor e aroma dos bebés.

1. INTRODUÇÃO

Os sistemas e órgãos de um recém-nascido são imaturos e não estão completamente desenvolvidos, o que afecta a sua digestão e absorção de nutrientes, bem como a excreção de metabolitos. Por conseguinte, as suas necessidades de nutrientes são muito específicas, ou seja, são necessários nutrientes suficientes para um crescimento adequado, mas em excesso podem ser prejudiciais. (Barasi, 2003)

O leite materno não é apenas nutricionalmente adequado, mas também de fácil digestão para os bebés.

Normalmente, o leite de vaca, ou seja, o leite semi-desnatado, é utilizado para substituir o leite humano que tem algumas diferenças de composição, que impedem o crescimento e o desenvolvimento de um bebé. Além disso, o leite materno fornece ao bebé agentes antimicrobianos e vários tipos de sabores, o que não acontece com o leite de vaca.

No entanto, a alimentação a biberão com leite artificial é uma forma muito conveniente de alimentar os bebés. A composição dos leites de fórmula disponíveis no mercado é regida pelas respectivas agências alimentares, como por exemplo: na Grã-Bretanha, é regida por uma diretiva da Comissão Europeia (CEE, 1991) e pelo instrumento estatutário 77 (MAFF, 1995) (Barasi, 2003)

Se a alimentação a biberão for efectuada corretamente, com cuidados de higiene e proximidade, pode satisfazer a maior parte das necessidades do bebé.

Por outro lado, o leite materno é único na sua composição, contendo mais de 200 constituintes com uma concentração necessária que uma fórmula alimentar nunca poderá igualar. A composição do leite materno está sempre a mudar, não só durante o dia, mas também durante a alimentação e nunca é constante. Isto proporciona ao bebé um alimento denso em energia e nutrientes, o que raramente acontece com as fórmulas alimentares devido à diferença nas composições.

Como já foi referido, há uma diferença substancial nas preferências de sabor e aroma de um indivíduo, o que dá origem a vários hábitos alimentares e escolhas alimentares entre os seres humanos. Acredita-se que o marco para estas percepções de sabor e aroma é decidido durante as primeiras experiências de sabor da criança com os alimentos, que podem ser sob a forma de leite materno ou de leite em pó para bebés. Os compostos aromáticos da dieta da mãe são transferidos para o leite materno e, por conseguinte, alteram constantemente a composição química e sensorial do leite materno. Estes compostos manifestam-se maioritariamente como compostos voláteis no leite.

De acordo com um estudo recente, os sabores variados experimentados por um bebé acompanham, até certo ponto, as suas escolhas alimentares durante a infância e a adolescência; no entanto, também dependem de alguns comportamentos aprendidos, como factores fisiológicos, culturais e psicológicos, etc. (Menella & Beauchamp, 1999).

No entanto, durante a infância, a criança é mais recetiva à aprendizagem sensorial e cognitiva e os comportamentos estabelecidos neste período são muito provavelmente importantes para as preferências e comportamentos alimentares posteriores. Isto deve-se ao facto de a mãe lactante estar sempre a consumir diferentes tipos de alimentos que influenciam o sabor e o aroma do leite materno. Isto dá ao bebé várias experiências alimentares, tornando-o aberto a diferentes sabores e aromas.

Por outro lado, o leite em pó ou o leite semi-desnatado tem sempre o mesmo sabor e aroma, com os mesmos componentes. No entanto, a constituição do leite de fórmula pode ser alterada pelas indústrias de tempos a tempos para satisfazer as necessidades dos bebés ou talvez apenas para alterar o sabor e o aroma do leite, o que também altera os seus componentes. Mesmo assim, a criança habitua-se a um determinado tipo de sabor e aroma devido à ausência de alterações.

Assim, para além de todos estes benefícios nutricionais do leite materno, o leite materno é importante para influenciar o comportamento alimentar de um indivíduo, uma vez que há cada vez mais provas de que os bebés amamentados adoptam subsequentemente uma dieta mais diversificada devido à diversidade de sabores e aromas introduzidos na dieta do bebé através da dieta da mãe

Por conseguinte, para verificar se as mudanças na dieta alteram os constituintes voláteis do leite materno, afectando o seu perfil de sabor e aroma, e para marcar uma diferença nos componentes voláteis presentes no leite de fórmula, no leite materno e no leite de vaca, foi realizada a seguinte experiência.

O capítulo 3 do relatório aborda a experiência efectuada para testar as várias amostras, os instrumentos, os métodos e as amostras utilizados na experiência. Também aborda os vários parâmetros considerados na realização da experiência.

A presença de componentes voláteis em várias amostras de diferentes tipos de leite foi discutida no capítulo 4, que dá uma visão sobre os compostos voláteis encontrados na amostra de leite testada e também é feita uma comparação entre os diferentes tipos de leite.

Além disso, foi efectuado um estudo sobre o comportamento da dieta e a sua influência nos compostos voláteis, comparando a presença de vários compostos em diferentes amostras de leite materno.

1.1 Objetivo da investigação

O objetivo é descobrir o efeito da dieta da mãe sobre os componentes voláteis do leite materno para conhecer os seus perfis de aroma e sabor.

1.2 Objectivos da investigação

- Fazer uma pesquisa pormenorizada sobre os componentes do leite e a composição do leite materno, do leite de vaca e do leite em pó.
- Cor, sabor e aroma do leite e valor nutritivo do leite
- Experiências e percepções dos primeiros sabores
- Testar diferentes amostras de leite materno, leite em pó e leite de vaca para detetar componentes voláteis.
- Analisar o efeito sobre os componentes voláteis das amostras testadas, comparando-as com a dieta da respectiva mãe.

2. REVISÃO DA LITERATURA

O leite materno humano é considerado o alimento ideal para os bebés, com uma grande variedade de constituintes, o que sempre foi o tema preferido dos investigadores. No entanto, existem muitos benefícios nutricionais e imunológicos do leite materno para o recém-nascido, em comparação com o leite de fórmula ou o leite de vaca. Além disso, existem alguns componentes voláteis que se considera serem transferidos da dieta da mãe para o leite materno, afectando o seu aroma e sabor, que desempenham um papel importante durante o período de desmame e habituando o bebé a uma diversidade de alimentos. O nosso principal objetivo é compreender estes comportamentos alimentares e a sua relação com o perfil sensorial do leite que lhes é fornecido durante a infância.

O principal objetivo deste capítulo é discutir diferentes estudos de investigação que foram realizados relacionados com este tópico, considerando as suas conclusões e argumentos que serão muito úteis no presente trabalho de investigação para descobrir as escolhas alimentares dos bebés no momento do desmame e a sua abertura para experimentar uma diversidade de sabores alimentares.

O leite é a secreção das glândulas mamárias dos mamíferos que serve de alimento a todas as espécies de animais, incluindo os seres humanos. Os animais cujo leite é utilizado para consumo em grande escala são as vacas, os búfalos, as ovelhas, as cabras, os bodes, os cavalos, as renas, os iaques, os camelos, o leite humano, etc. A composição destes leites varia consoante a espécie.

O único alimento nos primeiros meses de vida de um bebé é o leite. O leite materno humano é naturalmente adaptado para satisfazer as necessidades nutricionais do bebé humano, em comparação com o leite de vaca ou de qualquer outro animal.

Nos últimos anos, tem-se registado um aumento da produção e do fabrico de leite, devido à evolução tecnológica dos sistemas de processamento, tanto para a ordenha como para o fabrico de produtos lácteos. Isto facilitou a alteração da composição do leite para satisfazer as exigências das populações, produzindo vários tipos de leites e produtos, como o leite gordo, o leite com baixo teor de gordura, o leite desnatado, etc.

Por exemplo, a produção de leites de fórmula para lactentes para satisfazer as necessidades do bebé em crescimento e proporcionar comodidade, que é um dos maiores desenvolvimentos comerciais recentes e tem vindo a atingir a sua popularidade desde a década de 1950. Os fabricantes têm conseguido fazer corresponder a composição do leite em pó à do leite materno, efetuar algumas alterações para aumentar a qualidade do produto com preços mais baixos para satisfazer a alimentação neonatal.

2.1 Composição do leite

A principal razão para a síntese de leite pelos mamíferos é o fornecimento dos nutrientes necessários para o desenvolvimento ótimo do recém-nascido. O leite é uma mistura complexa de lípidos, hidratos de carbono, proteínas e muitos outros compostos orgânicos, como enzimas e sais inorgânicos, dissolvidos ou dispersos em água. O componente mais variável do leite é a gordura, seguida das proteínas. Todos estes componentes do leite estão presentes em quantidades variáveis no leite humano, no leite de vaca e no leite artificial. A composição do leite varia consoante a espécie, a raça, a dieta, o período de lactação e o intervalo entre ordenhas. Existem também variações individuais.

2.2 Composição do leite materno

O leite segregado nos primeiros dias tem um aspeto e uma composição um pouco diferentes dos do leite segregado mais tarde. Pouco depois do parto, a mãe segrega pequenas quantidades de um líquido espesso, amarelado e viscoso, chamado colostro.

O colostro é rico em anticorpos e vitamina A, pelo que fornece nutrição e imunidade contra infecções ao bebé.

Após alguns dias de lactação, a mãe começa a segregar quantidades maiores de leite comparativamente menos viscoso e esbranquiçado, conhecido como "leite maduro". Este leite é um alimento completo para o bebé. Uma mãe saudável segrega cerca de 850 ml de leite por dia.

constituintes	leite humano	leite de vaca	leite em pó
proteína (g)	1.2	3.3	1.3
caseína (g)	0.4	2.8	0.8
gorduras (g)	3.8	3.7	3.4
lactose (g)	7	4.8	7
calorias (kcal)	71	69	66
cálcio (mg)	33	125	50
fósforo (mg)	15	96	28
cloro (mg)	43	103	41

magnésio (mg)	4	12	5
potássio (mg)	55	138	68
sódio (mg)	15	58	18
ferro (mg)	0.15	0.1	0.55
cobre (mg)	0.04	0.03	40
zinco (mg)	0.53	0.38	0.5
ácido fólico (ug)	1.3	5.6	12
Biotina (ug)	0.4	2	1.5
Vitamina B12 (ug)	0.03	0.5	0.2
Vitamina C (mg)	4	2	8.3

Tabela 1. Composição do leite humano em comparação com o leite de vaca e o leite artificial (Sarkar, 2004)

Os valores para o leite artificial indicados no quadro 1 foram retirados da saqueta de leite de onde a amostra foi utilizada.

2.3 Gordura

A gordura do leite é de grande valor económico e nutritivo. O sabor do leite é devido à gordura do leite. As gorduras do leite são um complexo lipídico-proteico em que a parte lipídica inclui fosfolípidos e triglicéridos com pequenas quantidades de diacilglicerídeos e alguns esteróis, principalmente colesterol. Os triglicéridos presentes são principalmente ácidos gordos saturados de cadeia curta, como os ácidos butírico e caproico, que são os principais responsáveis pelo baixo ponto de fusão e pelo sabor e odor desagradáveis. É o principal elemento da manteiga.

O leite é uma verdadeira emulsão de óleo em água, uma vez que a gordura do leite existe como pequenas gotículas dispersas na água. As gotículas de gordura estão envolvidas no complexo lipídico-proteico. Através do processo de homogeneização, estas gotículas diminuem de tamanho para formar uma dispersão mais estável.

A gordura do leite é a verdadeira mistura de vários glicéridos. Contém cerca de 64% de ácidos gordos que variam entre 4 e 26 átomos de carbono, mas por vezes pode conter até 50 átomos de carbono, dependendo da alimentação do animal em lactação. A gordura do leite absorve muito rapidamente os odores voláteis, pelo que não deve ser exposta a odores fortes.

Mesmo no leite materno, a gordura é um componente importante, pois é essencial para o desenvolvimento do bebé, uma vez que é necessária para o desenvolvimento nervoso do bebé e é um dos principais constituintes da bainha de mielina em torno das células nervosas e do desenvolvimento da membrana celular. Uma vez que o sistema digestivo e os rins dos recém-nascidos não estão totalmente desenvolvidos, se forem alimentados com leite de vaca em vez de leite materno, não são capazes de o digerir porque os glóbulos de gordura do leite de vaca são demasiado grandes. Por isso, os fabricantes de leite em pó substituem parte da gordura do leite por óleos vegetais, o que também reduz o custo de produção.

2.4 Proteína

Existem dois tipos principais de proteínas no leite:

a. Caseína: constitui cerca de 80% do teor total de proteínas do leite. Pode ser facilmente precipitada a 20°C ou a um pH ácido de 4,6. Por conseguinte, tem muitas aplicações na indústria alimentar, como em dispersões coloidais ou no fabrico de coalhada e queijo. A caseína também pode ser separada do leite através da adição de renina, uma enzima segregada pelos vitelos jovens. Uma das principais propriedades da caseína é a formação de micelas, uma vez que a caseína monomérica forma complexos para formar micelas de caseína. A caseína é classificada como uma fosfoproteína devido ao ácido fosfórico que se encontra na sua estrutura molecular. A caseína é composta por três fracções: α-, β- e γ-caseína. A caseína é uma glicoproteína que contém ácido glutâmico, prolien, aspártico, leucina, lisina e valina, sendo, portanto, uma boa fonte de aminoácidos essenciais. A caseína

contém 8,2% de cálcio e 5,7% de hidratos de carbono. (Lakshmi, 2007)

b. Proteínas do soro de leite: as proteínas do soro de leite são compostas por α-lactalbumina e β-lactoglobulina, soro, albumina, as amino globulinas, enzimas e proteose, peptonas. A A-Lactoglobulina representa cerca de 50% do total das proteínas do soro de leite. Estas não são precipitadas por ácido ou renina, mas podem ser precipitadas pelo calor. Tem várias utilizações industriais, uma vez que os concentrados de proteínas de soro de leite podem ser preparados pelo processo de ultrafiltração; podem também ser produzidos isolados de proteínas de soro de leite. Por conseguinte, pode ser utilizado para aumentar a viscosidade como soro de leite seco ou para emulsificação como soro de leite condensado. Pode ser administrado em caso de intolerância à lactose. (Lakshmi, 2007).

c. As proteínas do leite contêm proteoses, peptonas e também enzimas do leite.

O leite materno humano contém a maior proporção de proteínas de soro de leite, cerca de 60 a 80%, porque é fácil de digerir pelo bebé e tem um valor nutricional mais elevado, devido aos aminoácidos com maior teor de enxofre e lisina. Por outro lado, o leite de vaca contém uma maior quantidade de caseína, cerca de 80%, que, sendo uma proteína grosseira, que se coalha em pH ácido, é difícil de digerir pelo bebé devido à maior acidez do estômago. Por conseguinte, o leite materno é mais adequado para os bebés. Uma vez que o leite em pó tem uma maior concentração de leite de vaca, é também mais difícil de digerir. Por isso, os fabricantes precisam de adicionar emulsionantes para quebrar as micelas de caseína agregadas.

2.5 Açúcares do leite

O leite contém 4 a 5% de hidratos de carbono. O principal hidrato de carbono presente no leite é a lactose, um dissacárido, embora estejam também presentes quantidades vestigiais de glucose, galactose e outros açúcares.

A hidrólise da lactose dá origem à glucose e à galactose. A lactose tem apenas um sexto da doçura da sacarose e um terço, um quarto da sua solubilidade em água. Está presente no leite como uma verdadeira solução. Quando o leite é aquecido, a lactose reage com as proteínas e desenvolve uma cor castanha. Este desenvolvimento da cor castanha deve-se ao escurecimento não enzimático.

No leite materno humano e no leite em pó, a quantidade de lactose é quase duas vezes superior à do leite de vaca ( ). Na produção de leite em pó, estes dissacáridos são utilizados porque têm menos risco de coagulação quando utilizados com água em várias fórmulas.

2.6 Vitaminas, minerais e sais

O mineral pelo qual o leite é conhecido é o cálcio, que é vital para o desenvolvimento dos ossos. De acordo com o NIH Office of Dietary Supplements, os bebés com menos de 6 meses necessitam de 210 mg de cálcio por dia para um crescimento global adequado. Por conseguinte, o bebé deve ser alimentado exclusivamente com leite em quantidades suficientes para satisfazer as suas necessidades de cálcio. O teor de cinzas do leite é relativamente baixo. O cobre e o ferro são importantes para o desenvolvimento de sabores estranhos no leite e nos produtos lácteos. Além disso, o leite também contém oligoelementos como o zinco, o alumínio, o molibdénio e o iodo.

Os carotenos lipossolúveis encontram-se na gordura do leite, enquanto a riboflavina é hidrossolúvel e pode ser facilmente encontrada na água do soro.

Existem várias vitaminas, minerais e sais como cloretos, fosfatos, citratos, sulfatos e bicarbonatos de sódio, potássio, cálcio e magnésio. Alguns dos minerais, vitaminas e sais presentes no leite materno são ainda desconhecidos e são necessários para o desenvolvimento do bebé. Assim, não é possível aos fabricantes de leite em pó criar uma cópia exacta do leite materno.

2.7 Enzimas

As enzimas presentes no leite podem ter origem nas glândulas mamárias ou ser libertadas pelas bactérias contaminantes.

Enzimas como a fosfatase alcalina existem como uma lipoproteína e distribuem-se entre a fase lipídica e a fase aquosa. Como esta enzima é inactivada por procedimentos de pasteurização, é utilizada como marcador para estimar a eficácia da pasteurização no leite.

No leite existe mais do que um tipo de lipase. Estas lipases do leite são responsáveis pelo desenvolvimento do sabor a ranço no leite. A lipase bacteriana é muito resistente ao tratamento térmico e pode causar graves defeitos de qualidade. No entanto, estas lipases são de certa forma importantes para o desenvolvimento dos sabores desejados nos queijos.

A xantina oxidase ocorre na membrana dos glóbulos de gordura. Trata-se de uma proteína conjugada complexada com FAD, ferro e molibdénio. A degradação enzimática do FAD dá origem a FMN e riboflavina. O teor de riboflavina do leite pode assim ser oxidado pela xantina oxidase. A xantina oxidase pode catalisar a oxidação de aldeídos, que são alguns dos constituintes aromáticos dos produtos lácteos fermentados. A enzima não é destruída pela pasteurização. (Lakshmi, 2007)

2.8 Cor, sabor e aroma do leite

O leite tem um perfil caraterístico de sabor e aroma devido à sua composição complexa. Foram identificados cerca de 400 componentes voláteis que afectam as propriedades sensoriais do leite (Walstra et al., 2006).

O leite fresco tem um sabor suave, doce e salgado, principalmente devido ao seu conteúdo em lactose, proteínas e minerais. (Varnam & Sutherland 1994). E mesmo uma pequena mudança na sua composição pode alterar totalmente os perfis de sabor e aroma do leite.

Além disso, as condições ambientais, químicas e físicas afectam o sabor e o aroma. As alterações destas condições podem dar origem a sabores estranhos. Por exemplo: alterações nas condições químicas fazem com que o leite sofra auto-oxidação das gorduras, causando ranço. Este processo é catalisado por iões Cu. (Walstra et al., 2006).

A luz e a temperatura são também responsáveis pelo desenvolvimento dos aromas estranhos. A luz pode provocar a lipólise ou a oxidação, ao passo que as temperaturas muito elevadas podem afetar o leite, afectando as proteínas ou outros compostos que provocam os maus sabores. No entanto, é desejável um tratamento térmico moderado para matar as bactérias ou outros micróbios no leite, como no caso da pasteurização. Além disso, a dieta da vaca leiteira afecta o sabor, por exemplo: se a dieta da vaca for deficiente em proteínas, o leite terá um sabor desagradável. (Walstra et al., 2006).

A cor do leite deve-se à reflexão da luz da caseína, do cálcio e do fósforo, dispersos de forma coloidal. A cor amarelada do leite deve-se à presença de caroteno e riboflavina.

O leite é ligeiramente doce devido ao seu teor de lactose. A sensação de sabor na boca deve-se às proteínas gordas e a alguns sais, como o fosfato de cálcio. Alguns dos compostos voláteis que contribuem para o sabor do leite são exclusivos da parte gorda do leite. A fervura altera o sabor do leite fresco mais do que a pasteurização. (Lakshmi, 2007)

O sabor oxidado pode resultar da oxidação dos fosfolípidos e de vestígios de cobre no leite.

O sabor do leite pode também ser afetado pela dieta do mamífero lactante e pela saúde, pela ação de bactérias, por alterações químicas no leite ou pela absorção de sabores estranhos.

Um certo número de compostos de baixo peso molecular, como a acetona, o acetaldeído, o sulfureto de dimetilo e os ácidos gordos de cadeia curta, produzem o ligeiro aroma do leite fresco.

2.9 Valor nutritivo do leite

A qualidade das proteínas do leite é muito boa e cerca de 90% das proteínas do leite são absorvidas pelo organismo, o que indica o seu elevado valor biológico. No entanto, o leite contém apenas 3-4% de proteínas, mas devido à qualidade das proteínas, à quantidade que pode ser ingerida e à presença de outros nutrientes, torna-o indispensável. A lisina é o aminoácido mais abundante nas proteínas do leite. O leite é a única substância que contém lactose, que tem galactose, que é essencial para a síntese da bainha de mielina. (Mann et al, 2007).

A lactose, por não ser facilmente digerível, favorece o crescimento de bacilos do ácido lático no intestino, o que diminui o pH, favorecendo a absorção de cálcio e a permeabilidade do intestino delgado ao ião cálcio. Além disso, uma quantidade significativa de cálcio está presente no leite. A relação cálcio/fósforo (1,2:1) no leite é considerada como a mais favorável para o desenvolvimento ósseo. (Barasi, 2003). Uma pequena quantidade de vitamina D no leite também favorece a absorção de cálcio.

O açúcar do leite, devido ao seu efeito glicémico controlado, é uma fonte preferida de hidratos de carbono. A gordura do leite é facilmente digerível. Assim, as necessidades de cálcio não podem ser satisfeitas facilmente sem a ingestão de leite. O leite é uma fonte pobre de ferro, mas o pouco ferro presente é utilizado pelo organismo. A tiamina encontra-se em baixa concentração no leite, mas a sua quantidade é relativamente constante.

A riboflavina está presente numa concentração mais elevada no leite do que as outras vitaminas B e a sua estabilidade ao calor torna-o uma fonte fiável desta vitamina. A riboflavina é sensível à luz, pelo que quando o leite é exposto à luz, perde-se 50% desta vitamina. O leite não é uma boa fonte de niacina, mas é uma excelente fonte de triptofano. (Lakshmi, 2007). O leite é uma fonte muito pobre de vitamina C. A quantidade de vitaminas A e D depende da alimentação do animal.

2.10 Desenvolvimento e perceção de sabores em bebés

Os sentidos do sabor e do paladar do feto humano começam a desenvolver-se numa fase muito precoce da vida. Mesmo quando o feto está no útero. Isto acontece através do líquido amniótico presente no seu ambiente, que contém vários produtos da urina, como a ureia, e substâncias como o açúcar, o sal e as proteínas, etc. Todos estes produtos actuam como criadores de sabor para o feto em crescimento. (Liley, A.W. 1972). Durante o período de 7-8 semanas de gestação, as papilas gustativas também começam a desenvolver-se e estão completamente desenvolvidas morfologicamente por volta das 13-15 semanas. (Bradley, R.M. 1972).

2.11 Transferência de aromas através do líquido amniótico

O líquido amniótico tem alguns odores e sabores. O feto inala mais do dobro do volume do líquido amniótico através da passagem aberta das vias respiratórias que é banhada pelo líquido amniótico. Desta forma, o bebé é exposto a diferentes sabores e aromas durante a fase fetal. (Pritchard, J.A. 1965). Foram encontradas provas disso ao apresentar uma solução de anetol (um composto aromático do anis) aos bebés. Os recém-nascidos e os que tinham sido previamente expostos a este composto mostraram uma preferência em comparação com os que não tinham sido expostos. Os recém-nascidos foram expostos quando as suas mães consumiram alimentos com sabor a anis durante a gravidez. (Schaal, B. & Marlier, L. 2000).

O sistema de filtragem do líquido amniótico é muito importante para garantir que o feto recebe oxigénio e nutrientes suficientes, provenientes diretamente da dieta da mãe e da sua respiração, e para remover os produtos residuais para um desenvolvimento ótimo. Foi observado que o bebé reconhece os sabores que a mãe ingeriu durante o processo de desmame e pós-desmame. Por exemplo, quando o sumo de cenoura é tomado durante o último trimestre da gravidez e nos primeiros dois meses de lactação, os bebés fazem menos expressões faciais negativas quando comem cereais com sabor a cenoura, em comparação com os bebés que não foram expostos ao sabor da cenoura antes ou depois da gravidez (Mennella, J.A. & Beauchamp, G.K. 2001).

2.12 Transferência de aromas através do leite materno

Durante a fase fetal, a experiência do sabor e do aroma faz-se através do líquido amniótico. Esta experiência é levada ao nível seguinte durante a infância através da amamentação. Muitas substâncias da dieta da mãe são filtradas no leite materno, dando-lhe um sabor e um aroma específicos que fornecem pistas ao bebé. Estudos demonstram que, se uma mãe consumir algum sabor imediatamente antes de amamentar, o bebé tende a alimentar-se durante mais tempo. Este facto foi demonstrado numa série de experiências com alho (Mennella, J.A. & Beauchamp, G.K. 1993), baunilha (Mennella, J.A. & Beauchamp, G.K. 1996), alcaravia (Hausner, H., Philipsen, M. & Thomas, H.S. *et al* 2010) e álcool (Mennella, J.A. & Beauchamp, G.K. 1991).

A ingestão de alho pela mãe aumentou a sucção e a duração da alimentação, com um aumento global do consumo de cereais. Este facto demonstra igualmente a atração dos mamíferos por alguns produtos químicos que contêm enxofre. Este facto foi igualmente observado no estudo da baunilha e no estudo do álcool , com a baunilha a atrair o gosto inato pela doçura (Tatzer, E., Schubert, M.T. & Timischi, W. *et al* 1985) e o álcool a ter provavelmente um efeito mais neurológico, talvez relaxante, do que o apelo sensorial inicial.

No entanto, durante estes estudos, nenhum dos leites maternos foi efetivamente verificado quanto à presença de compostos aromatizantes.

2.13 Transferência de vários aromas através do leite materno ao longo do tempo

Um estudo mais abrangente examinou uma diversidade de compostos aromáticos típicos para determinar a disparidade da sua transferência para o leite materno e a sua dependência temporal. Verificou-se que as maiores concentrações de d-carvona e trans-anetol foram observadas duas horas após a ingestão, ao passo que o l-mentol não mostrou qualquer distinção na concentração ao longo do período (Hausner, H., Bredie, W.L.P. & M0lgaard, C. *et al* 2008). Alguns compostos, como o acetato de éster-3-metilbutilo, não foram detectados de todo, o que talvez demonstre que os mecanismos de síntese do leite materno são discriminatórios na utilização dos componentes da dieta da mãe. Por outro lado, o acetato de 3-metilbutilo pode ser uma molécula demasiado grande para circular no leite materno ou a sua composição química é alterada no organismo e, por conseguinte, não é detectada no leite. De um modo geral, concluiu-se que os compostos gustativos são transferidos especificamente da dieta da mãe para o leite materno.

2.14 Transferência de componentes voláteis para o leite materno

Vários factores afectam a concentração de componentes voláteis no leite materno, incluindo a dieta da mãe e os modos de transmissão. As várias formas de transferência de componentes voláteis para o leite materno são:

2.15 Metabolismo no corpo da mãe

Uma das funções mais importantes do fígado no corpo humano é a metabolização, que pode variar muito de indivíduo para indivíduo devido a várias razões, como factores genéticos ou danos no fígado, etc. Os componentes voláteis entram no leite materno durante mais tempo com pequenas concentrações se a atividade enzimática no fígado for lenta, o que aumenta a concentração de componentes voláteis no sangue. (Garrow et al, 2000)

Até à data, há poucos estudos no domínio do metabolismo humano de compostos aromatizantes específicos. Em geral, os estudos de investigação disponíveis baseiam-se no teor de terpenos em seres humanos durante a exposição a medicamentos ou em estudos análogos em animais. Embora os estudos com animais sugiram algumas teorias práticas sobre os resultados dos terpenos (Ishida, T., Toyota, M. & Asakawa, Y. 1989), continua a ser um tema de confusão se estes estudos podem ser utilizados para inferir algo sobre o corpo humano.

Foram efectuadas investigações adicionais para determinar a ingestão de terpenos através da exposição à droga versus a sua presença na dieta. Descobriu-se que a carvona (encontrada na maioria dos óleos essenciais e, por isso, amplamente utilizada em aromatizantes alimentares e cosméticos) estava envolvida nas reacções de oxidação e redução no corpo, alterando a sua composição química para formar novos produtos. (Engel, W. 2001).

2.16 Absorção de compostos voláteis no leite materno utilizando um transportador

Estudos demonstram que as gorduras actuam como "transportadoras" de compostos voláteis (Engel, W. 2001). Haverá mais moléculas de gordura a circular no sangue no corpo da mãe se a sua dieta for rica em gordura. Este aumento dos componentes de gordura no sangue aumenta as hipóteses de os componentes aromatizantes aparecerem no leite materno.

2.17 Transporte através das membranas das células epiteliais

A dieta da mãe não só melhora o perfil volátil do leite materno como também o pode manchar. É provável que a transferência de compostos aromatizantes, fármacos e substâncias químicas seja mediada pelas mesmas vias de transferência e de secreção que os solutos do leite, ou seja, a via transcelular através da difusão passiva (C.M. & Briggs, G.G. 2005). Em estudos em que a dose de um composto aromático foi medida para imitar a dose e a libertação de medicamentos durante a digestão, verificou-se que os picos do leite e do plasma correspondiam aos dos medicamentos (Hausner, H., Bredie, W.L.P. & M0lgaard, C. *et al* 2008). Assim, a difusão passiva é a forma pela qual os compostos aromáticos são transportados do sangue para o leite. Normalmente, se os fármacos tiverem uma baixa ligação às proteínas plasmáticas, elevada lipofilicidade, carga positiva e baixo peso molecular, a excreção é facilitada. O leite tem um pH mais baixo e um teor de gordura mais elevado do que o plasma sanguíneo, o que aumenta a transmissão passiva através da difusão para concentrações mais elevadas no leite do que no sangue (Lawrence, 2005).

3. EXPERIMENTAÇÃO

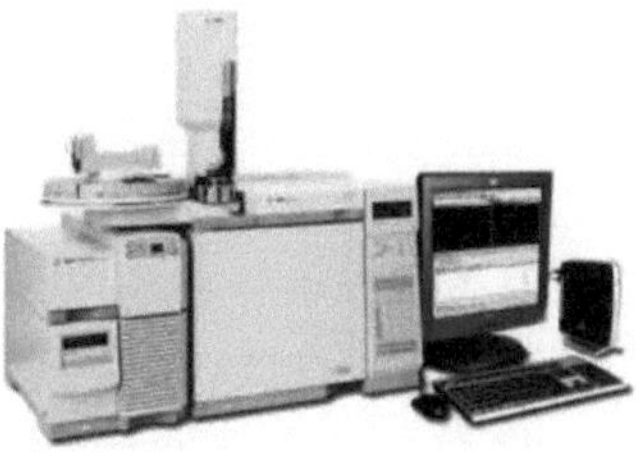

3.1 Instrumentação

O instrumento utilizado na separação e análise dos compostos voláteis é o CROMATOGRAFO DE GÁS. É um dos instrumentos analíticos mais utilizados. Pode analisar materiais orgânicos e inorgânicos de pesos moleculares variados, que vão de 2 a mais de 1000 Daltons. As colunas capilares proporcionam eficazmente uma elevada resolução, separando facilmente os componentes.

Michael Tswett é conhecido como o "pai da cromatografia" porque cunhou o termo cromatografia, que significa escrita a cores, mas atualmente a maior parte das análises cromatográficas são realizadas em materiais que não são coloridos. Tswett também descreveu cientificamente o processo de cromatografia. Separou os pigmentos das plantas por cromatografia líquida; além disso, Ramsey separou as misturas de gases e vapores em adsorventes como o carvão vegetal (McNair, 2009).

O primeiro artigo vencedor do Prémio Nobel foi publicado por Martin e James em 1952. Foi então que se descobriu que a cromatografia gasosa era um método simples e rápido, aplicável à separação de muitos materiais voláteis, como os produtos petroquímicos, para os quais a destilação era o método de separação (McNair, 2009).

De acordo com a União Internacional de Química Pura e Aplicada (IUPAC), a cromatografia é um método físico de separação em que os componentes a separar são distribuídos entre duas fases, uma das quais é estacionária (fase estacionária) enquanto a outra (fase móvel) se move numa direção definida. (McNair, 2009).

Os processos cromatográficos são designados de acordo com o estado físico da fase móvel. Assim, na cromatografia gasosa, a fase móvel é um gás e na cromatografia líquida, a fase móvel é um líquido.

3.2 Vantagens da cromatografia gasosa

- As análises de compostos podem ser efectuadas rapidamente, normalmente em poucos minutos.
- Proporciona uma resolução elevada, o que aumenta a sua eficácia.
- É muito mais fácil encontrar ppm e ppb, uma vez que é muito sensível.
- É não destrutivo, pelo que é mais fácil de fazer acoplamento em linha, por exemplo, pode ser feito com um espetrómetro de massa
- São obtidos desvios-padrão relativos de cerca de 1 a 5 por cento, o que ajuda a obter resultados mais precisos na análise quantitativa.
- O método utiliza apenas uma pequena quantidade de amostras, digamos em µl.
- O método é simples de utilizar, mas altamente fiável.
- O custo é muito mais barato.

3.3 Desvantagens da cromatografia gasosa

- É altamente restrito apenas a compostos voláteis.
- As amostras que resistem a altas temperaturas não podem ser utilizadas neste método. Bastante difícil para amostras grandes e preparatórias
- Para confirmar a identificação do pico, é necessário efetuar uma espetroscopia de massa.

3.4 Partes básicas do cromatógrafo de gás

Alguns dos componentes básicos de um cromatógrafo de fase gasosa são enumerados a seguir.

1. Gás portador,
2. controlador de caudal
3. injetor,
4. coluna,
5. detetor e
6. sistema de dados.

3.4.1 Gás portador

Trata-se de um gás inerte que actua como fase móvel e que desempenha a função principal de transportar a amostra através da coluna e a função secundária de fornecer uma matriz para medir os componentes da amostra para o detetor. Os gases de transporte preferidos para vários detectores são:

Detetor de condutividade térmica: hélio

Detetor de ionização de chama: hélio ou azoto

Detetor de captura de electrões: azoto muito seco (isento de oxigénio)

Por vezes, o hélio pode ser substituído por hidrogénio, uma vez que é muito caro, mas isto pode constituir uma ameaça potencial, pois o hidrogénio é um gás explosivo. O nitrogénio é utilizado nos detectores porque tem uma maior sensibilidade, mas dá resultados lentos em comparação com o hélio.

3.4.2 Controlador de caudal

O controlo do fluxo (velocidade linear do gás) e a medição dos gases de transporte são muito importantes, uma vez que a eficiência da coluna depende disso. É essencial ter um caudal constante e reprodutível para a análise qualitativa, a fim de obter os tempos de retenção corretos.

A comparação dos tempos de retenção é a forma mais rápida e fácil de identificar um composto, mas dois ou mais compostos podem ter os mesmos tempos de retenção, mas nenhum composto terá mais do que um tempo de retenção. Por conseguinte, o tempo de retenção é a caraterística de um soluto, mas não é único.

O controlador está ligado à garrafa de gás com uma válvula de segurança e um filtro de entrada para evitar a entrada de partículas no sistema. O controlador reduz as pressões do tanque para um valor utilizável (de 2500 psig para 20-60 psig). Para evitar fugas de ar do sistema, é utilizado um diafragma de aço inoxidável.

A pressão constante é suficiente para fornecer um caudal constante quando a coluna tem uma queda de pressão constante em operações isotérmicas.

Por outro lado, em operações com temperatura programada, o caudal diminui mesmo quando a pressão de entrada é constante devido ao aumento da viscosidade do gás de transporte a uma temperatura mais elevada. Assim, normalmente, é utilizado um controlador de caudal diferencial para assegurar um caudal mássico constante. Mas, por vezes, este controlo não é desejável, por exemplo, na injeção de amostras em split e splitless, o mesmo caudal é mantido em toda a coluna devido à pressão constante, sem ter em conta a abertura e o fecho da válvula de purga.

Compressibilidade do gás de transporte

O gás é comprimido à entrada e expande-se ao passar através da coluna, com um aumento do caudal volumétrico, uma vez que, ao entrar na coluna, o gás de transporte está sob pressão e a saída da coluna está à pressão atmosférica, sendo a pressão de entrada superior à pressão de saída. O caudal volumétrico do gás de transporte é máximo à saída, sendo o caudal médio medido multiplicando o caudal à saída pelo fator de correção da compressibilidade.

3.4.3 Injetor

Entrada de amostras e recolha de amostras

Uma grande variedade de amostras, desde gases, líquidos e sólidos, tem de ser manuseada na entrada de amostras, que devem ser rapidamente introduzidas no fluxo de gás de transporte nas quantidades corretas. Por conseguinte, os diferentes tipos de colunas requerem diferentes tipos de sistemas de entrada, como por exemplo: uma coluna de enchimento requer um vaporizador de flash ou na coluna, ao passo que uma coluna capilar requer uma entrada de amostra com cuspo, sem divisão ou na coluna.

A amostragem é uma das etapas muito críticas do processo cromatográfico; por conseguinte, a dimensão da amostra introduzida na máquina é muito importante. A menor dimensão possível da amostra permite obter a melhor forma do pico e a máxima resolução, mas, pelo contrário, podem ser necessárias amostras de grandes dimensões se estiverem presentes mais componentes na amostra, sendo que a presença de outros componentes não afecta a localização e a forma do pico de um soluto. Para a deteção de oligoelementos, devem ser utilizadas grandes quantidades de amostras, o que pode distorcer os picos principais, mas os picos de oligoelementos desejados serão maiores.

Para a recolha de amostras de gás, toda a amostra tem de estar na fase gasosa nas condições de utilização. Isto pode ser feito através da vaporização da amostra por aquecimento ou pressurização. Os métodos mais utilizados para a recolha de amostras de gás são as seringas estanques ao gás e as válvulas de recolha de gás. As seringas são dispositivos mais flexíveis, baratos e frequentemente utilizados. Uma válvula de amostragem de gás permite uma melhor repetibilidade, o que requer menos competências e pode ser facilmente automatizado.

Para a recolha de amostras de líquidos, são desejáveis amostras de pequenas dimensões, de preferência microlitros, uma vez que o líquido se expande quando vaporizado. Para este efeito, as seringas são universalmente utilizadas para injetar líquidos com tamanhos de 1, 5, 10 uL.

Para a amostragem de sólidos, estes são dissolvidos num solvente e injectados na coluna com uma seringa.

As seringas utilizadas têm um corpo de precisão em vidro de borossilicato e uma agulha de aço inoxidável e um septo de silicone polimérico auto-selante com elevada estabilidade térmica.

Injetor split/ split-less

Se o gás de arrastamento enviar toda a amostra para a coluna de uma só vez, é conhecida como injeção sem divisão. Se a amostra for enviada para a coluna em porções, trata-se de injeção com divisão. A razão de divisão pode ser alterada de acordo com a quantidade que se pretende analisar dos constituintes da amostra. A injeção sem divisão é preferível quando os voláteis a analisar são pouco voláteis e as válvulas de divisão abrem após um período de tempo pré-definido, que é igual ao tempo total de funcionamento. Deste modo, evita-se a contaminação do aparelho com outros compostos.

3.4.4 Colunas

A coluna é o coração do cromatógrafo; é a secção transversal longitudinal. As colunas são fixadas entre a porta de injeção aquecida e um detetor aquecido. As primeiras colunas são as colunas empacotadas, constituídas por tubos metálicos de aço inoxidável firmemente empacotados com suportes sólidos inertes sobre os quais foram revestidos líquidos estacionários. Estas colunas são fáceis de fabricar e de utilizar.

Atualmente, são utilizadas colunas capilares, que são colunas cromatográficas simples, não preenchidas com material de enchimento. Estas colunas são feitas de sílica fundida, que são tubos abertos com dimensões capilares. A fase líquida estacionária é revestida na superfície interna da parede do capilar. São também conhecidas como colunas "tubulares abertas revestidas de parede" (WCOT). Estas colunas têm uma baixa resistência ao fluxo de líquidos e um longo comprimento da coluna, o que permite uma separação eficaz das amostras.

A coluna deve ser termostática e mantida a uma temperatura elevada, próxima do ponto de ebulição da amostra (ou seja, acima do ponto de orvalho mas abaixo do ponto de ebulição), para que a amostra passe através dela a uma velocidade razoável. Estas temperaturas variam entre a temperatura ambiente e 360°C. Este controlo da temperatura é a forma mais eficaz e mais fácil de separar os componentes da amostra. A cromatografia gasosa de temperatura programada tem um aumento linear da temperatura da coluna com o tempo.

3.4.5 Detetor

Um detetor é um instrumento que fornece o registo da cromatografia sob a forma de um cromatograma após a deteção dos efluentes da coluna, que é proporcional à quantidade de cada soluto durante a análise quantitativa e qualitativa.

Os detectores de ionização por chama (FID) são os detectores mais utilizados e possuem todas as caraterísticas desejáveis de elevada sensibilidade, linearidade e detectividade, sendo fáceis de utilizar e pouco dispendiosos.

Outros detectores utilizados são a célula de condutividade térmica (TCD) e o detetor de captura de electrões (ECD).

3.4.6 Sistemas de dados

Os sistemas de dados são necessários pela sua capacidade de medir os sinais GC com taxas de amostragem rápidas.

3.5 FUNCIONAMENTO DO CROMATÓGRAFO DE FASE GASOSA

Um cromatógrafo de gás pode ser utilizado tanto para análises qualitativas como quantitativas. Utilizámo-lo para a análise qualitativa dos componentes voláteis nas amostras de leite. Isto é feito com a ajuda de parâmetros de retenção como o tempo de retenção e os índices de retenção.

Um gás de transporte inerte, como o hélio, é introduzido a partir de uma grande garrafa de gás que entra na máquina cromatográfica através da porta do injetor, da coluna e do detetor. O caudal deste gás de arrastamento tem de ser cuidadosamente controlado para obter tempos de retenção reprodutíveis e também para minimizar o desvio e o ruído do detetor.

A amostra a analisar é então injectada na máquina utilizando uma microsseringa através do orifício de injeção aquecido, onde é vaporizada e transportada para a coluna, normalmente uma coluna capilar com cerca de 15-30 m de comprimento e revestida no interior com uma película fina (0,2 µm) de líquido de alto ponto de ebulição que constitui a fase estacionária. A amostra é dividida entre a fase móvel e a fase estacionária e, com base na solubilidade relativa na fase líquida e na pressão de vapor relativa, a amostra é separada em componentes individuais.

Depois de sair da coluna, o gás de arrastamento passa pelo detetor que mede a quantidade da amostra, gerando um sinal elétrico. Este sinal vai para o sistema de dados/integrador que, por sua vez, gera um cromatograma, que é o registo escrito do cromatograma.

3.6 AMOSTRAS DE LEITE

3.6.1 Amostras de leite materno

Foram obtidas dezasseis amostras de leite materno de uma dadora. Cada amostra tinha um volume de aproximadamente 5-10 ml para uso experimental e foi armazenada num recipiente esterilizado, que foi depois congelado a *-72° C.*

Juntamente com as amostras de leite materno, foram fornecidas informações sobre a dieta correspondente, que foram classificadas de acordo com o gosto - consumo de álcool - álcool/não consumo de álcool e fumador/não fumador. A cada amostra de leite materno foi atribuído um número correspondente aos comportamentos alimentares dessa amostra e também consoante a mama de origem (ver anexo para os comportamentos alimentares). A categoria "Alimentos condimentados" inclui todos os alimentos que foram especificados como tendo um sabor ou condimento adicional. A dieta simples é aquela que não contém alimentos aromatizados ou condimentados na refeição. *O teor de especiarias da dieta da mãe tem um* efeito na composição do leite materno mas, na presente experiência, não o utilizámos como parâmetro principal. *Os grupos 'Álcool' e 'Cigarro' foram atribuídos a* amostras em que um ou mais cigarros/unidades de álcool foram fumados/ingidos no dia em que a amostra foi recolhida.

3.6.2 Amostras de leite de fórmula

Apenas um tipo de leite artificial foi utilizado nesta experiência - o leite artificial líquido. Era de uma marca bem conhecida de leite em pó para bebés "cow and gate", comprado no Reino

Unido (Figura 1). O leite vinha numa embalagem de cartão reciclável de 200 ml, pronta a usar.

Cow and gate é uma marca popular de leite em pó que se encontra em todo o Reino Unido. Fornecem uma vasta gama de leites para bebés nutricionalmente adequados para diferentes idades, sendo os leites "a partir do nascimento" selecionados com base no seu sabor específico e no seu conteúdo nutricional feito a partir de cereais, frutos, legumes, etc. Mas a empresa incentiva o aleitamento materno e aconselha a alimentação com leite de fórmula apenas se os bebés não forem amamentados por algum motivo. O conteúdo utilizado no fabrico do leite que foi utilizado para necessidades nutricionais ou físicas específicas do bebé pode afetar a composição volátil e os aromas do leite, como um menor teor de lactose para a intolerância à lactose, ou um sabor específico, etc.

Figura 1 Imagens do leite de fórmula com pormenores sobre o método de preparação, os ingredientes e o conteúdo nutricional.

3.6.3 Amostras de leite de vaca

Para a experiência, foi utilizada uma amostra de leite meio-gordo, comprada localmente e armazenada num recipiente esterilizado no congelador a -72° C.

Existem três tipos de leite de vaca disponíveis nas lojas. São eles o leite gordo, o leite semi-desnatado e o leite desnatado. O teor de gordura do leite gordo é de 3,9%, o do leite meio-gordo é de cerca de 1,6% e o do leite magro é de 0,1%. Os consumidores exigem diferentes tipos de leite no mercado, uma vez que esta pequena diferença na percentagem de gordura do leite pode ter um efeito nas suas propriedades sensoriais e nutricionais.

3.7 MÉTODO

Ao desenvolver um método para a análise de componentes alimentares, é necessário ter em conta uma série de factores que afectam negativamente o resultado de uma experiência. Por exemplo, o meio da amostra é muito importante, pois deve ser aquele que favorece a extração dos componentes voláteis de forma eficaz, como o leite líquido disponível no mercado.

A técnica disponível no laboratório da Universidade de Huddersfield, que foi utilizada para realizar a experiência, foi um CROMATOGRAMA DE GÁS.

A facilidade de utilização e o carácter prático constituem um fator de escolha deste método. A CG satisfaz a maioria destes critérios, cujas razões são discutidas a seguir.

O objetivo da experiência é identificar os componentes voláteis que afectam o aroma e os sabores do leite. São testadas diferentes amostras de leite em diferentes condições e os respectivos compostos voláteis no leite são analisados a partir dos resultados. O instrumento utilizado para testar as amostras é o cromatógrafo de gás. A descrição do instrumento encontra-se na parte de instrumentação do capítulo 3.

O modelo do instrumento utilizado é 25QC3 BPX5 0.5. O número de série do modelo é 3553517.

Comprimento da coluna - 25n

Espessura da película - 0,5pm

Temperatura máxima - 350° C

Foi efectuado um ensaio para garantir que o instrumento está a funcionar corretamente. O ensaio foi efectuado com cinco amostras. As amostras eram

1. Padrão de carbono (C8 - C9 - C10)
2. 0 - xileno
3. m - xileno
4. p - xileno, e
5. Composto desconhecido, que tem de ser encontrado.

As diferentes amostras foram mantidas no interior da máquina e o tempo de retenção das amostras foi registado. Verifica-se que o tempo de retenção de cada amostra é obtido em 10 minutos. Comparando o tempo de retenção das diferentes amostras, foi encontrado o composto desconhecido.

O segundo ensaio foi efectuado com metano, em que as amostras de metano foram colhidas em diferentes proporções. O metanol foi convertido em metano pelo método de destilação em água e depois foi utilizado na experiência. Foram utilizados três tipos diferentes de seringas, de 1 ml, 20 ml e 10 ml. São utilizadas diferentes quantidades de metano e o tempo de retenção correspondente é registado.

A experiência principal é realizada utilizando leite de fórmula, leite materno e leite de vaca, considerando diferentes parâmetros como o tempo da amostra no banho-maria, os parâmetros do aparelho e a quantidade de amostra testada.

A experiência começa por testar o leite em pó. São retirados 10 ml da amostra com uma pipeta e transferidos para um tubo de ensaio. Em seguida, coloca-se num banho de água, que é mantido a 37°C, e deixa-se a amostra no banho durante cerca de 30 minutos. O tubo de ensaio é munido de uma rolha de borracha, de modo a que os gases libertados pelas amostras sejam mantidos no seu interior. Toma-se 1 ml do componente volátil (gás) com uma injeção, que é depois injetado no cromatógrafo de fase gasosa.

A amostra é mantida dentro da máquina com as definições predefinidas durante cerca de 20-30 minutos, uma vez que diferentes amostras contêm diferentes pontos de ebulição e o tempo para obter os picos difere consoante as amostras. Com a experiência efectuada, não se observou qualquer pico, pelo que a experiência foi repetida alterando as condições experimentais.

3.7.1 Fórmula 1

A experiência é repetida ajustando a temperatura do forno para 70 °C, o detetor de ionização de chama utilizado para 280 °C, a temperatura do injetor para 240 °C, a razão de divisão 50:1 e o caudal para 1 ml/min. Uma vez que não se observaram picos, a experiência é repetida alterando os parâmetros.

3.7.2 Fórmula1SL

A experiência é repetida com os mesmos parâmetros utilizados na fórmula 1, mas utilizando o método de injeção fraccionada. Foram testadas três amostras que foram mantidas no banho-maria durante diferentes intervalos de tempo, nomeadamente 1, 2 e 3 horas, com um tempo de execução de 30 minutos. Não se obtiveram picos importantes. Os intervalos de tempo a que as amostras foram mantidas, o tempo de retenção correspondente e a área do pico são apresentados no quadro 3.1

3.7.3 Fórmula2

Neste caso, a experiência é efectuada utilizando o método "split less", definindo os parâmetros a seguir indicados,

Caudal - 2,2 ml/min

Temperatura do forno - 40 - 250°C, onde a temperatura é aumentada em 6 graus a cada minuto durante 35 minutos, e é mantida a 250 graus durante 10 minutos, perfazendo um tempo total de execução de 45 minutos. (Sandgruber, 2011)

Verificou-se uma diferença nas leituras, em que o tubo de ensaio 2 (amostra de 10 ml) apresentou mais picos do que o tubo de ensaio 1 (amostra de 15 ml). A razão para a diferença entre os picos pode dever-se ao facto de o tubo de ensaio 1 não ter um clipe de segurança e de os gases poderem ter escapado pelo orifício da rolha. Em última análise, alguns dos componentes voláteis podem perder-se no ar, resultando em picos menores.

A outra razão para a diferença pode ser a quantidade de leite e o período de tempo durante o qual o leite foi mantido no banho-maria pode afetar a quantidade de componentes voláteis libertados. A forma do recipiente também pode afetar a libertação, sendo que um recipiente largo pode favorecer a libertação devido ao maior espaço para as moléculas em comparação com um recipiente estreito.

Os resultados obtidos com 10 ml de amostra de leite de fórmula apresentaram picos mais elevados em comparação com a amostra de 15 ml. Com a ideia de que uma menor quantidade de amostra dará uma maior quantidade de componentes voláteis, a experiência foi efectuada reduzindo a quantidade de amostras para 5 ml, 2 ml e 1 ml.

A partir das experiências, observou-se que os melhores resultados foram obtidos com 1 ml de amostra. Assim, o teste continuou a ser efectuado utilizando a mesma quantidade de 1 ml com amostras diferentes, de acordo com as definições da fórmula 2.

As amostras de leite materno foram retiradas do congelador e foram descongeladas durante cerca de 45 minutos no banho-maria mantido a 37°C. A partir do leite descongelado, foi retirada uma amostra de 1 ml do tubo de ensaio de fixação rápida, que foi mantida no mesmo banho de água durante uma hora e a experiência prosseguiu como descrito acima.

Foram testadas dezasseis amostras diferentes e os testes foram repetidos para todas as amostras ao longo de um período de tempo para garantir que os componentes da amostra mudavam ao longo do tempo e os resultados foram compilados e podem ser vistos no anexo.

Antes de efetuar o ensaio, mudou-se o septo do aparelho e fez-se um ensaio em branco com metanol para limpar as manchas do aparelho. A experiência é repetida utilizando as mesmas configurações que foram utilizadas na fórmula 2. São muitas as amostras utilizadas na experiência, como o metanol, o octano, o nonano e o decano. Utiliza-se 1ul de amostra para os ensaios. As amostras de padrões de carbono C10-C40 também foram efectuadas com as mesmas configurações e a mesma quantidade de amostra.

Cálculo:

O tempo de retenção de cada amostra é anotado e os gráficos são apresentados em anexo.

O índice de retenção de Kovat é calculado através da seguinte fórmula

$$X = \frac{\log CRT + 3.897}{0.0045}$$

Em que CRT = RT - 1,371

E, log (CRT) = 0,0045x - 3,897

Onde RT - Tempo de retenção, X - Índice de retenção

Os índices de retenção obtidos através da fórmula acima indicada referem-se a um sistema isotérmico. Uma vez que o ensaio envolve o aumento da temperatura a uma taxa constante, a fórmula acima não pode ser utilizada, devendo ser utilizada uma fórmula de índice de retenção não isotérmica.

O índice de retenção de Kovat para um sistema não isotérmico é

$$RI = 100\,[{}^{T_rC_n - T_rC_{n-1}}/_{T_rC_{n+1} - T_rC_{n-1}} + C_{n-1}]$$

Em que RI = Índice de retenção,

$_{Tr}$Cn - Tempo de retenção do composto desconhecido,

$_{Tr}$ $_{Cn-1}$ - Tempo de retenção do composto de carbono padrão com menos um átomo de carbono do que o desconhecido (X)

$_{Tr}$ $_{Cn+1}$ - Tempo de retenção do composto de carbono padrão com mais um átomo de carbono do que o desconhecido

C_{n-1} - Número de átomos de carbono em (X)

A fórmula acima foi utilizada para calcular os índices de retenção dos picos de onze compostos voláteis principais identificados nas amostras de leite testadas, e também foi utilizada para calcular o IR dos padrões de carbono.

Os índices de retenção das amostras apresentadas na tabela são a média dos índices de diferentes amostras de leite materno que mostram a presença do mesmo composto, e o índice de retenção é encontrado utilizando o tempo de retenção das amostras.

Os índices de retenção foram comparados com os padrões para encontrar o composto presente na amostra.

4. RESULTADOS E ANÁLISE

Foram testadas diferentes amostras de leite utilizando a técnica de cromatografia gasosa para avaliar os componentes voláteis que afectam o seu sabor e aroma, o que, por sua vez, ajuda a compreender o efeito da dieta da mãe na composição do leite materno.

A experiência foi realizada com leite materno, leite de vaca e leite em pó, tendo sido testadas dezasseis amostras de leite materno, uma amostra de cada leite de vaca e leite em pó.

Dezasseis amostras diferentes de leite materno foram testadas em condições específicas com um tempo de execução de 45 minutos. Foram obtidos vários picos para cada amostra em diferentes intervalos de tempo, ou seja, tempos de retenção. O tempo de retenção é o tempo em que um pico é obtido. Embora tenham sido obtidos numerosos picos durante o ensaio, apenas foram registados alguns picos importantes, sendo o primeiro pico obtido ao minuto 4 e o último pico mais elevado considerado o obtido ao minuto 37. Foram obtidos alguns picos abaixo do tempo de retenção de 4 e acima do tempo de retenção de 37, mas os padrões de carbono disponíveis tinham o seu tempo de retenção a partir de 4 até ao máximo de 39. Por conseguinte, só foi possível efetuar o cálculo neste intervalo.

Verifica-se que foram obtidos onze picos principais em todas as amostras de leite materno e o tempo de retenção dos picos foi anotado.

Antes de testar as amostras, foi efectuada uma série de testes semelhantes utilizando vários padrões de carbono e o tempo de retenção de cada padrão foi anotado.

O tempo de retenção de um pico composto no leite materno é a média de todos os picos principais obtidos em dezasseis amostras diferentes nesse momento. Agora, o tempo de retenção de um pico principal do leite materno é comparado com os padrões de carbono para encontrar os que têm um tempo de retenção semelhante. O tempo de retenção e o índice de retenção de diferentes padrões de carbono são apresentados na tabela 2.

Número de átomos de carbono	Tempo de retenção	Índice de retenção
8	2.658	800
10	5.139	865
12	6.491	1075
14	6.946	1232
16	7.887	1461
18	8.493	1646
20	9.181	1814
22	13.334	2052
24	17.156	2252

26	20.614	2452
28	23.757	2651
30	26.627	2850
32	29.267	3051
34	31.709	3256
36	33.977	3449
38	36.277	3640
40	39.727	3860

Quadro 2 Cálculo dos índices de retenção das normas de carbono

Em seguida, o tempo de retenção e o índice dos padrões de carbono específicos são utilizados juntamente com o tempo de retenção de um pico principal do leite materno na fórmula

$$RI = 100\ [^{T_r C_n\ -\ T_r C_{n-1}} / _{T_r C_{n+1}\ -\ T_r C_{n-1}}\ {}^{+C_{n-1}}]$$

Assim, calcula-se o índice de retenção correspondente do pico do leite materno.

Por exemplo, o tempo de retenção de um dos principais picos no leite materno é 4,279 (dos resultados do teste da amostra). Isto é comparado com o tempo de retenção dos diferentes padrões de carbono, e pode ser visto que 4,279 está entre o tempo de retenção dos padrões de carbono C8 e C10, que são 2,658 e 5,139 respetivamente. Na fórmula,

$C_n - 4.279$

$C_{n-1} - 2.658$

C_{n+1} - 5.139

Substituindo os valores, verifica-se que o índice de retenção do pico desconhecido é 862. Utilizando o índice de retenção, verifica-se que o composto desconhecido é a acetona.

S.n.	Composto volátil encontrado	Índice de retenção	Sabor e Aroma
1	Acetona	862	doce frutado
2	2,4,7- tridecatrienal	1491	porco, animal, doce amargo, casca de citrinos ceroso gordo oleoso frutado
3	Y- não-alactona	2037	orquídea láctea frutada
4	δ- decalactona	2219	Sabor intenso a pêssego, aroma cremoso a coco
5	4- hidroxi-3-metoxi-benzaldeído(vanilina)	2633	baunilha
6	2-metiloctadecano	2870	citrinos, rosa
7	7-heπtriacoπtano	3074	tabaco como
8	3,7,11,15 Tetrametil hentriacontano	3257	sabor e odor a ácidos gordos
9	13-cis-cinamoiloxi-17-oxolupani ne	3417	salgado e doce
10	3,7,15 Trimetilpentatriacontano	3638	azedo
11	20,24,28 Cianeto de trimetil triacontano	3841	amargo, odor a amêndoa

Quadro 3 Componentes voláteis presentes no leite, com os respectivos índices de retenção, sabor e aroma.

O mesmo cálculo é efectuado para todos os onze picos principais e o índice de retenção para todos foi encontrado, o que pode ser visto na tabela 3. Os onze principais compostos voláteis encontrados no leite materno são:

1. **Acetona**
2. **2,4,7 tridecatienal**
3. **Y- não-alactona**
4. **δ decalactona**
5. **4- hidroxil-3-metoxi benzaldeído (vanilina)**
6. **2- metiloctadecano**
7. **7 hentriacontane**
8. **3,7,11,15 tetrametil hentriacontano**
9. **13-cis-cinnamoliloxi 17- oxolipanina**
10. **3,7,15 trimetilpentatriacontano**
11. **Cianeto de 20,24,28 trimetiltritriacontilo.**

4.1 Efeitos da dieta sobre os componentes voláteis do leite materno

A tabela 4.3 mostra os nomes das diferentes amostras testadas e os picos obtidos nas amostras. Verificou-se que muitas amostras apresentam um número variado de picos. Este facto pode dever-se ao efeito da dieta no leite.

Na tabela 4.3 e no gráfico (Fig. 4.1), todos os onze compostos voláteis encontrados no leite materno são listados com as suas áreas de pico. Verificou-se que as amostras que mostraram a ausência de um composto durante a primeira corrida no cromatógrafo de gás estavam presentes na segunda corrida, que foi efectuada após alguns dias da primeira corrida. Assim, mostrou-se que a composição do leite no que respeita ao seu componente volátil tende a mudar ao longo de um período de tempo de armazenamento.

S.no	Volatile compound found	BREAST MILK SAMPLES															
		CMR001	CML001	CMRL002-1	CMRL002-2	CMRL003	CMRL004	CMRL005	CMRL006	CM100A	CMR101	CML101	CM007	CM008	CM009	CM010	CM012
1	Acetone	1158	579	647		938	618				676	569	522			525	567
2	2,4,7- tridecatrienal	614		621			1048	686	1350							774	
3	Y- nonalactone	1168	3302	1216	1926	2697	502	1482	816	589		1862	829	2292		1401	2799
4	δ- decalactone	869		698	1291	531	810		730	608		1519	750	1776	522	1001	653
5	4- hydroxy-3-methoxy benzaldehyde(vaniline)	555	811		657	798	1266	1020	2907		1645		599			652	1782
6	2-methyloctadecane					581	809	850	2760		985		1173				1311
7	7-hentriacontane	916	1536	819	630	1088	1858	2384	5960	675	2135	528	2843	896		976	2877
8	3,7,11,15 Tetramethyl hentriacontane		893	736		822	980	998	3000		1310		1419			672	1818
9	13-cis-cinnamoyloxy-17-oxolupanine		657	898		661	1008	1000	2678		1103		1284			683	1951
10	3,7,15 Trimethylpentatriacontane	813	673	1093		764	1244	925	2123	807	920	502	1002	535		1257	1998
11	20,24,28 Trimethyl triacontane cynaide		665	952	563		620	657	878		530					589	

Tabela 4.1 Componentes voláteis presentes em cada amostra de leite materno e respectivas áreas de pico

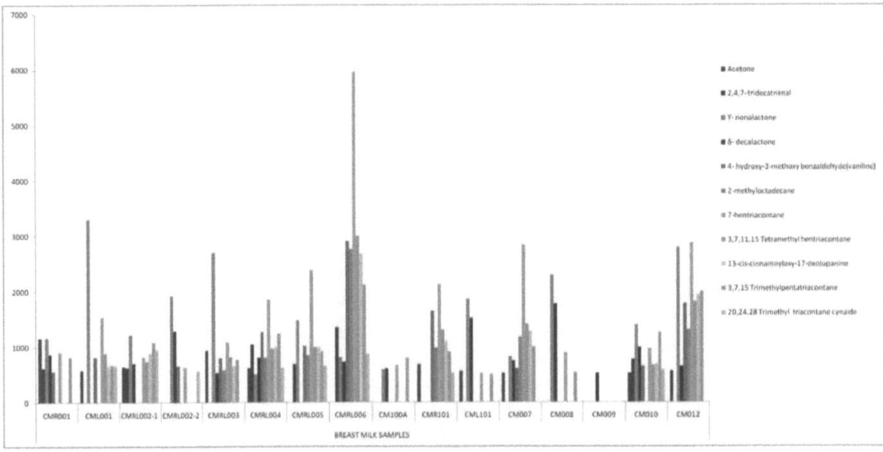

Figura 4.1

S.n.	Composto volátil encontrado	AMOSTRA DE LEITE EM PÓ
1	**Acetona**	
2	**2,4,7- tridecatrienal**	536
3	**T- não-alactona**	1414
4	**δ- decalactona**	1502
5	**4- Hidroxi-3-metoxi-benzaldeído (vanilina)**	2217
6	**2-metiloctadecano**	1657
7	**7-hentriacontano**	4456
S	**3,7,11,15 Tetrametil hentriacontano**	2068
9	**13-cis-cinamoiloxi-17-oxolupanina**	1821
10	**3,7,15 Trimetilpentatriacontano**	1356
11	**20,24,2S Trimetil triacontano cianeto**	850

Tabela 4 Áreas dos picos dos componentes voláteis encontrados na amostra de leite em pó

Comparando os onze principais compostos voláteis do leite de fórmula com o leite materno, verifica-se que a acetona é o único composto que está ausente no leite de fórmula, que tem um sabor doce e frutado.

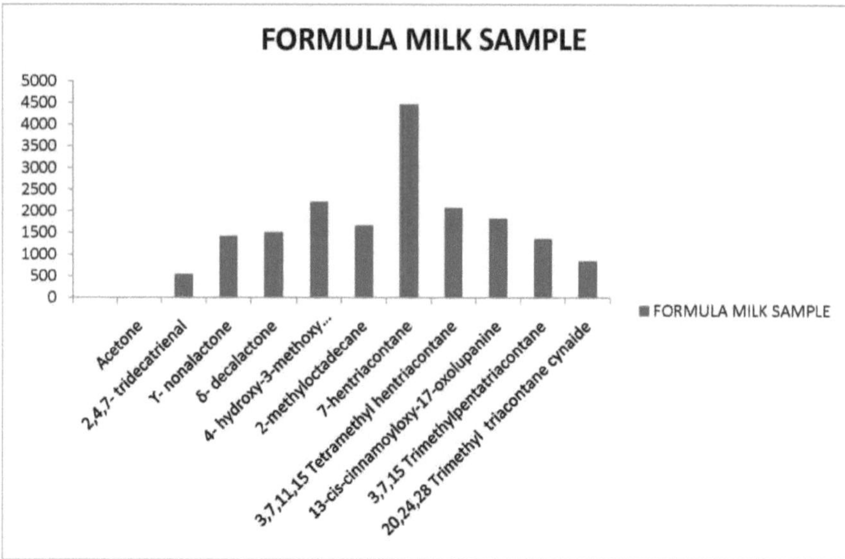

Figure 2 Amostra de leite de fórmula

S.n.	Composto volátil encontrado	AMOSTRA DE LEITE MEIO GORDO
		(LEITE DE VACA)
1	Acetona	
2	2,4,7- tridecatrienal	
3	T- não-alactona	2087
4	δ- decalactona	
5	4- hidroxi-3-metoxi-benzaldeído(vanilina)	604
6	2-metiloctadecano	1052
7	7-hentriacontano	802
S	3,7,11,15 Tetrametil hentriacontano	1963
9	13-cis-cinamoiloxi-17-oxolupanina	1205
10	3,7,15 Trimetilpentatriacontano	1438
11	20,24,2S Trimetil triacontano cianeto	642

Tabela 5 Áreas dos picos dos compostos voláteis encontrados na amostra de leite meio-gordo

Quando as áreas dos picos do leite meio-gordo são comparadas com as do leite materno, verifica-se que a acetona, o 2,4,7 tridecatrienal e a δ- decalactona estão ausentes.

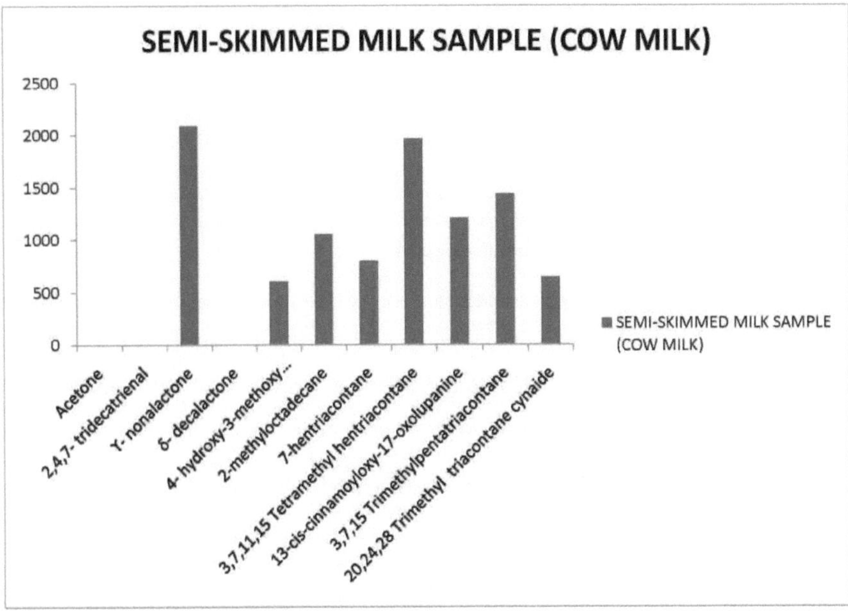

Figure 3 Amostra semi-desnatada

4.2 Comparação da quantidade de compostos presentes em diferentes leites

São efectuadas duas comparações diferentes entre os três tipos de amostras de leite com constituintes semelhantes, a fim de encontrar a diferença na presença da quantidade de compostos voláteis presentes no leite materno, no leite de fórmula e no leite meio-gordo, sendo as amostras iguais para o leite de fórmula e para o leite meio-gordo, enquanto as amostras de leite materno são diferentes.

Os quadros seguintes mostram as amostras selecionadas para as comparações

S.n.	Composto volátil encontrado	AMOSTRA DE LEITE EM PÓ	LEITE MATERNO	AMOSTRA DE LEITE MEIO GORDO
			CMRL006	(LEITE DE VACA)
1	Acetona			
2	2,4,7- tridecatrienal	536	1350	
3	Y- não-alactona	1414	816	2087
4	δ- decalactona	1502	730	
5	4- Hidroxi-3-metoxi-benzaldeído (vanilina)	2217	2907	604
6	2-metiloctadecano	1657	2760	1052
7	7-hentriacontano	4456	5960	802
8	3,7,11,15 Tetrametil hentriacontano	2068	3000	1963
9	13-cis-cinamoiloxi-17-oxolupanina	1821	2678	1205
10	3,7,15 Trimetilpentatriacontano	1356	2123	1438
11	20,24,28 Cianeto de trimetil triacontano	850	878	642

Quadro 6 Comparação de três tipos de leite (leite materno CMRL006)

	leite em pó	leite materno	leite meio gordo

		CMRL004	
Acetona		618	
2,4,7-tridecatrienal	536	1048	
Y- não-alactona	1414	502	2087
δ- decalactona	1502	810	
4- Hidroxi-3-metoxi-benzaldeído (vanilina)	2217	1266	604
2-metiloctadecano	1657	809	1052
7-hentriacontano	4456	1858	802
3,7,11,15 Tetrametil hentriacontano	2068	980	1963
13-cis-cinamoil oxi-17-oxol upanina	1821	1008	1205
3,7,15 Trimetilpentatriacontano	1356	1244	1438
20,24,28 Cianeto de trimetil triacontano	850	620	642

Quadro 7 Comparação de três tipos de leite (leite materno CMRL004)

A primeira amostra de leite materno selecionada para a comparação tem os mesmos compostos do leite de fórmula, enquanto a segunda amostra de leite materno contém todos os compostos (havia uma amostra de leite materno com exatamente os mesmos compostos que o leite meio-gordo, como no caso do leite de fórmula).

A comparação é claramente demonstrada nos gráficos abaixo:

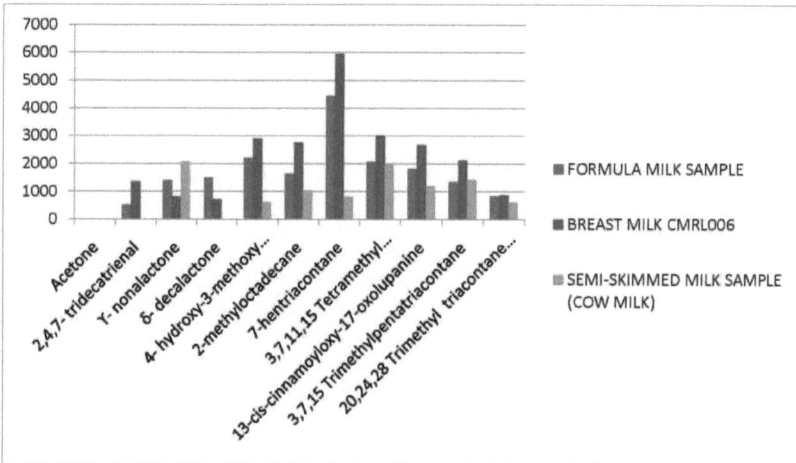

Figure 4 Comparação de três tipos de leite (leite materno CMRL006)

Pode observar-se que a quantidade de compostos presentes no leite materno é muito superior à dos outros leites, enquanto que o leite de fórmula tem uma quantidade superior à do leite meio-gordo.

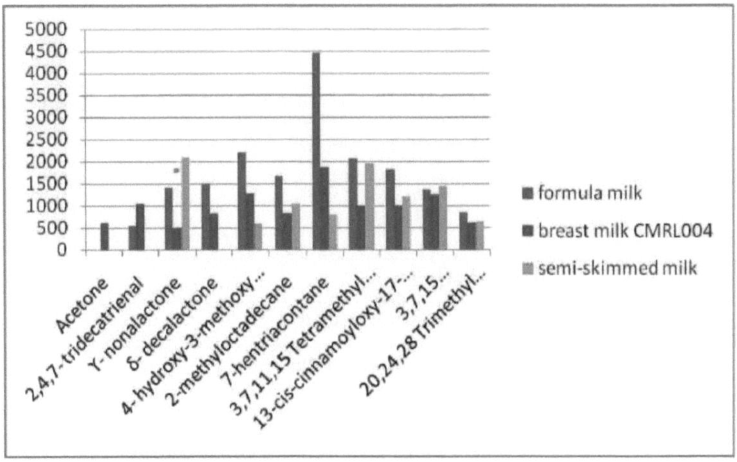

Figure 5 Comparação de três tipos de leite (leite materno CMRL004)

No gráfico apresentado acima, pode ver-se que a linha do horizonte da fórmula do leite domina o resto.

O composto 7- hentriacontane apresenta mais picos e o 20,24,28 tirmethyl tritriacontyl cyanide apresenta menos picos na comparação de ambos os gráficos em todos os tipos de leite.

4.3 Comparação de várias dietas e seu efeito sobre os componentes voláteis do leite materno

Amostra	Dieta	Compostos não presentes
CMR001	2 copos de cava, peixe (salmão + bacalhau) espinafres + iogurte de pêssego 0% 3 cigarros Chá de menta com ervas	**2-metiloctadecano**
		7-hentriacontano
		3,7,11,15 Tetrametil hentriacontano
		13-cis-cinamoiloxi-17 -oxolupanina
		20,24,28 Cianeto de trimetil triacontano
CML001	2 copos de cava, peixe (salmão + bacalhau) espinafres + iogurte de pêssego 0%	
		2,4,7- tridecatrienal
		δ- decalactona
		2-metiloctadecano

	3 cigarros Chá de menta com ervas	
CMRL002-1	2 copos de vinho, frango + legumes assados + macarrão de arroz + melão 4 cigarros	**4- Hidroxi-3-metoxi-benzaldeído (vanilina)** **2-metiloctadecano**
CMRL002-2	2 copos de vinho, frango + legumes assados + macarrão de arroz + melão 4 cigarros	**Acetona** **2,4,7- tridecatrienal** **2-metiloctadecano** **7-hentriacontano** **3,7,11,15 Tetrametil hentriacontano** **13-cis-cinamoiloxi-17 -oxolupanina** **3,7,15 Trimetilpentatriacontano**
CMRL003	2 copos de vinho, bife + batatas + cenouras + alho francês + iogurte 0% baunilha	**2,4,7- tridecatrienal** **20,24,28 Cianeto de trimetil triacontano**
CMRL004	frango, fiambre, porco assado + batatas + cenouras + alho francês + melão 1 cigarro Chá de ervas de menta	
CMRL005	bife + cuscuz + curgetes + pimentos + cebolas + tomates + beringela 1 cigarro	**Acetona** **δ- decalactona**
CMRL006	lasanhas + iogurte de toranja rosa 0% 1 cigarro Chá de arbusto vermelho	**Acetona**

CM100A	carne picada + curgetes + pimentos + cebolas + tomates + massa + maçã 1 cigarro	**Acetona**
		2, ,7- tridecatrienal
		4- hidroxi-3-metoxi-benzaldeído(vanilina)
		2-metiloctadecano
		3,7,11,15 Tetrametil hentriacontano
		13-cis-cinamoiloxi-17 -oxolupanina
		20,24,28 Cianeto de trimetil triacontano
CMR101	1 magner, 1 copo de vinho + bife + caril + couve-flor + arroz + iogurte com 0% de limão 4 cigarros Chá do mato vermelho	
		2,4,7- tridecatrienal
		Y- não-alactona
		δ- decalactona
CML101	1 magner, 1 copo de vinho + bife + caril + couve-flor + arroz + iogurte com 0% de limão 4 cigarros + chá do mato	**2,4,7- tridecatrienal**
		4- hidroxi-3-metoxi-benzaldeído(vanilina)
		2-metiloctadecano
		3,7,11,15 Tetrametil hentriacontano
		13-cis-cinamoiloxi-17 -oxolupanina
		20,24,28 Cianeto de trimetil triacontano
CM007	1 copo de vinho + Espetada de frango marroquina + feijão verde + batatas + cenouras + tarte de ameixa e amora + 4 cigarros + Chá de arbusto vermelho	
		2,4,7- tridecatrienal
		20,24,28 Cianeto de trimetil triacontano
CM008 (HINDMILK)	1 copo de vinho + pizza + cenoura crua + fiambre + maçã + tosta + queijo + 0 cigarro	**Acetona**
		2,4,7- tridecatrienal
		4- hidroxi-3-metoxi-benzaldeído(vanilina)
		2-metiloctadecano

		3,7,11,15 Tetrametil hentriacontano
		13-cis-cinamoiloxi-17 -oxolupanina
		20,24,28 Cianeto de trimetil triacontano
CM009	carne picada + cenouras + batatas + alho francês + 0% iogurte de pêssego + 0 cigarro	**Acetona**
		2,4,7- tridecatrienal
		Y- não-alactona
		4- hidroxi-3-metoxi-benzaldeído(vanilina)
		2-metiloctadecano
		7-hentriacontano
		3,7,11,15 Tetrametil hentriacontano
		13-cis-cinamoiloxi-17 -oxolupanina
		3,7,15 Trimetilpentatriacontano
		20,24,28 Cianeto de trimetil triacontano
CM010	porco assado + curgetes + beringelas + cuscuz + melão + 0 cigarro	**2-metiloctadecano**
CM012	fiambre + queijo + pepino + salada + tomate + pão + maçã + 0 cigarro	**2,4,7- tridecatrienal**
		20,24,28 Cianeto de trimetil triacontano

Quadro 8 Influência da alimentação no leite materno

4.4 ANÁLISE

A análise é efectuada através da comparação da dieta obtida antes de obter diferentes amostras com os compostos voláteis encontrados em cada amostra. A análise é efectuada em diferentes etapas.

1. Com base na dieta, esta foi dividida em várias partes para facilitar a análise, como encontrar a influência do álcool, do tabaco, do chá, do iogurte, das frutas, dos legumes e da carne.

2. A amostra que revelou a presença e a amostra com ausência de todos os compostos voláteis foram determinadas.

3. Para determinar a influência do álcool e do tabaco, todas as amostras testadas são comparadas para determinar os compostos voláteis que estão normalmente ausentes na dieta

que inclui álcool e cigarros.

4. É efectuada uma comparação semelhante entre as amostras, a fim de determinar a influência da carne, dos frutos e dos legumes incluídos na dieta.

5. É feita uma comparação para descobrir também o papel do chá e das sobremesas que faziam parte da dieta.

6. Comparação entre a amostra de diferentes mamas após a ingestão da mesma dieta.

A amostra CMRL004 é a única amostra que revelou a presença de todos os compostos voláteis. A dieta antes da colheita da amostra é a seguinte

Frango, fiambre, porco assado + batatas + cenouras + alho francês + melão

Um cigarro

Chá de ervas de menta

Em contrapartida, a amostra CM009 é aquela em que se verificou a ausência de 10 dos 11 compostos. A dieta antes da recolha da amostra é a seguinte

Carne picada + cenouras + batatas + alho francês + iogurte de pêssego a 0%

4.4.1 Influência do álcool e dos cigarros

Verifica-se que os compostos 2,4,7- tridecatrienal, 3,7,11,15 Tetrametil hentriacontano e 20,24,28 Trimetil triacontano cianeto estão normalmente ausentes nas dietas que incluem álcool como vinho, cava e sidras.

4.4.2 Influência dos cereais e dos alimentos ricos em hidratos de carbono

O composto acetona pode ser visto em falta nas amostras que incluíam a dieta que contém arroz, pizza e massa

4.4.3 Influência da carne, do chá e de outras sobremesas

Verifica-se que muitos compostos estão em falta quando a dieta contém carne picada e bife. A vanilina é um composto que pode ser encontrado em falta na dieta que não inclui chá ou iogurte.

4.5 ANÁLISE SPSS

Estatísticas descritivas

	N	Média	Std. Desvio	Mínimo m	Máximo de m
álcool	9	6.78	4.684	1	13
tabagismo	11	6.64	3.749	1	12
iogurte	7	7.29	4.821	1	14
chá	7	7.14	4.337	1	12

Quadro 9 Estatísticas descritivas

Estatísticas de teste

	álcool	tabagismo	iogurte	chá
Asymp. Sig.	1.000	1.000	1.000	1.000

Quadro 10Estatísticas de ensaio

Os quadros acima são obtidos através da análise estatística da dieta para o efeito do álcool, do tabaco, do iogurte e do chá. Foi efectuado o teste do qui-quadrado para verificar a sua importância nos compostos do leite. O teste mostra que todos estes constituintes da dieta têm um efeito significativo nos componentes voláteis do leite. Como o valor p (Sig. assimétrico) de todos os constituintes do regime alimentar é 1,000, o que é superior a 0,05, podemos concluir que existem muito poucas provas de que o álcool, o tabaco, o iogurte e o chá não têm qualquer efeito na composição volátil do leite materno.

5. DISCUSSÃO

Hausner et al (2010) encontraram 54 compostos voláteis coletivamente em todas as amostras colhidas de dez mulheres diferentes. Na presente experiência, foram encontrados onze compostos voláteis em dezasseis amostras diferentes, mas da mesma pessoa. O estudo de Hausner ajuda a compreender que existem mais compostos voláteis no leite materno do que os identificados neste projeto e também que os compostos encontrados no leite diferem de pessoa para pessoa com base em vários factores.

Com base na análise, foi feita a influência da dieta na presença de compostos voláteis. Verifica-se que a presença de hidratos de carbono na dieta influencia fortemente a presença de acetona nas amostras de leite testadas.

A quantidade de hidratos de carbono presente no arroz, pizzas, massas e outros pratos que incluem trigo, etc., é relativamente elevada em comparação com outros alimentos. Um dos comportamentos do organismo é produzir acetona quando não dispõe de uma fonte de energia imediata como os hidratos de carbono, produzindo assim corpos cetónicos durante o processo de metabolismo da gordura para extrair energia. A acetona é um dos componentes dos três corpos cetónicos que produzem um sabor e um aroma caraterísticos. Dado que há probabilidades de presença de mais hidratos de carbono na amostra, que contém arroz e trigo na dieta, a acetona está geralmente ausente.

Com base na análise, pode explicar-se que o consumo de álcool e o tabagismo influenciaram fortemente a presença de compostos voláteis no leite materno. Verifica-se que alguns dos compostos voláteis importantes não se encontram nas dietas com álcool, porque quando comparados com a dieta com os mesmos alimentos sem álcool produziram comparativamente mais compostos.

A vanilina é um composto que contém açúcar, pelo que se pode observar nos resultados que o composto está presente na amostra em que o iogurte é incluído na dieta. Isto pode dever-se ao sabor da vanilina presente no iogurte.

No que diz respeito à carne, pode notar-se, com base nos resultados, que a carne de vaca tem uma má influência nos compostos voláteis, uma vez que a dieta que continha carne picada e bife mostrou ausência de muitos compostos em comparação com as outras formas de carne. Obtiveram-se melhores resultados com as amostras que apresentavam a presença de mais compostos nas que continham frango e carne de porco. As amostras que continham carne de porco apresentaram resultados muito melhores do que as amostras com frango.

Quando se analisa a amostra CMRL004 que contém todos os compostos voláteis, observa-se que a dieta tinha uma combinação de frango, carne, legumes, fruta e sobremesas.

A partir dos resultados obtidos, também se pode observar que as amostras recolhidas na mesma altura, mas de peitos diferentes, apresentam uma diferença considerável em relação aos seus componentes voláteis, mesmo com a mesma dieta. Por exemplo: no caso da amostra CMR001, CML001 e CMR101, CML101. Aqui, a CMR001 mostra a ausência de cinco componentes enquanto a CML001 mostra a ausência de apenas três componentes e, por outro lado, a CMR101 tem três componentes em falta enquanto a CML101 tem seis. Por conseguinte, podemos inferir que não só a dieta, mas também a anatomia e a fisiologia das diferentes mamas afectam a presença dos componentes voláteis no leite materno. No entanto, o leite posterior da amostra CM008 não apresenta um perfil muito diferente de componentes voláteis quando comparado com as outras amostras de leite. Mostra a ausência de sete compostos de onze compostos que podem ser bem explicados com a dieta consumida. Foi consumido um copo de vinho + pizza + cenoura crua + fiambre + maçã + tosta + queijo + cigarro zero, o que não parece ser uma combinação muito boa de alimentos para fornecer todos os componentes.

Além disso, cada composto está presente numa quantidade variável em diferentes amostras, o que é demonstrado pela tabela e pelo gráfico das áreas dos picos. Por exemplo: a acetona está presente tanto no CMR001 como no CML001, mas as áreas dos picos são muito diferentes, ou seja, 1158 e 579, respetivamente, e a concentração de Y-não-alactona nas amostras CMRL003 e CMRL004 é de 2697 e 502, respetivamente, o que indica a diferença nas quantidades de um mesmo composto em duas amostras diferentes.

Quando estas amostras de leite materno foram comparadas com as amostras de leite de fórmula e de leite meio-gordo, verificou-se que existiam alguns compostos que estavam em falta no leite de fórmula e no leite meio-gordo. Além disso, os componentes que se verificou estarem presentes variavam em termos de quantidades, o que foi demonstrado utilizando dois gráficos como exemplo, em que o leite de fórmula e o leite meio-gordo foram comparados com diferentes amostras de leite materno. Verificou-se que a composição destes três tipos de leite é um pouco a mesma, com quantidades diferentes dos componentes, sendo algumas altas e outras baixas, dependendo da dieta e de outros factores, no leite materno e no outro leite, foi recolhida apenas uma amostra e, por conseguinte, constante. Este facto provoca a diferença no sabor das diferentes amostras de leite.

6. CONCLUSÃO

A partir dos resultados obtidos com a realização da experiência acima referida, podemos concluir que existem poucas semelhanças e dissemelhanças nas composições do leite materno, do leite de fórmula e do leite meio-gordo.

Os onze componentes voláteis que encontrámos ao testar as amostras de leite têm sabor e aroma diferentes, o que contribui para alterar o perfil sensorial do respetivo leite.

No entanto, o leite de vaca é utilizado na preparação do leite de fórmula nas fábricas; mesmo assim, havia diferenças nas suas composições. O leite de fórmula revelou a ausência de apenas um composto, ou seja, a acetona, enquanto o leite meio-gordo revelou a ausência de três compostos. Isto pode dever-se ao facto de os fabricantes poderem alterar a composição do leite de fórmula adicionando e suprimindo alguns ingredientes, o que é quase impossível com o leite de vaca. Ainda assim, a composição do leite de fórmula é maioritariamente constante.

Por outro lado, o leite materno mostrou uma composição variada destes onze componentes voláteis entre cada amostra e também em comparação com os outros tipos de leite. Esta variação deveu-se à dieta e a alguns factores fisiológicos.

Por conseguinte, o leite materno apresenta um perfil de sabor e aroma mais vasto do que o leite de fórmula e o leite de vaca. Assim, os bebés que são amamentados estão habituados a uma diversidade de sabores e odores que afectam as suas preferências alimentares e a sua abertura a diferentes sabores mais tarde na vida. No entanto, o leite em pó está disponível em diferentes sabores, como caril, arroz, etc., mas fornece apenas um tipo de sabor principal de cada vez, mascarando os outros sabores presentes.

Investigação futura: No entanto, uma investigação futura pode ser feita para testar a forma como os bebés (alimentados com diferentes tipos de leite) respondem a vários sabores e escolhas alimentares após o desmame ou um pouco mais tarde na vida.

7. REFRÊNCIAS

1. Albala'-Hurtado, S., Veaciana-Nogue's, M. T., Marine'-Font, A., & Vidal- Carou, M. C. (1998). Alterações nos compostos de furfural durante o armazenamento de leites infantis. Journal of Agricultural and Food Chemistry, 46, 2998-3003.

2. Barasi, M. E, 2003. Nutrição humana: Uma perspetiva de saúde. Londres: Arnold Publishers

3. Berlin, C.M. & Briggs, G.G. Drugs and chemicals in human milk. *Seminários em Medicina Fetal Neonatal.* 2005; 10:149-159.

4. Bradley, R.M. Development of the taste bud and gustatory papillae in human foetuses (Desenvolvimento da papila gustativa e das papilas gustativas em fetos humanos). In: Bosma JF ed. *The third symposium on oral sensation and perception: the mouth of the infant.* Springlfield, Ill: Charles C Thomas, 1972.

5. Engel, W. Estudos in vivo sobre o metabolismo dos monoterpenos *S*-(+)- e *R*- (-)-Carvone em seres humanos utilizando a abordagem do metabolismo das quantidades relacionadas com a ingestão (MICA). *Journal of Agriculture and Food Chemistry.* 2001; 49:40694075.

6. Garrow, J. S., James, W. P. T., & Ralph, A., 2000. *Human nutrition and dietetics.* 10th edition. Edinburgh: Churchill Livingston Publishers.

7. Hausner, H., Bredie, W.L.P., M0lgaard, C,. Peterson, M.A. & M0ller, P. Differential transfer of dietary flavour compounds into human breast milk. *Physiology & Behaviour.* 2008; 95:118-124.

8. Hausner, H., Philipsen, M., Thomas, H.S., Mikael, A.P. & Wender L.P.B. Caracterização da composição volátil e variações entre fórmulas infantis e leite materno. *Chemosensory Perception.* 2010; 2:79-93.

9. Ishida, T., Toyota, M. & Asakawa, Y. Biotransformação de terpenóides em mamíferos. V. Metabolismo de (+)-citronelal, (-)-7-hidroxicitronelal, citral, (-)- erillaldeído, (-)-mirtenal, cuminaldeído, tujona e (-)-carvona em coelhos. *Xenobiotica.* 1989; 19: 843-855.

10. Khanna, K, 2005. *Textbook of Nutrition and Diabetics (Manual de Nutrição e Diabéticos).* Nova Deli: Elite publishing.

11. Kolb B (1999) Headspace sampling with capillary columns: review. *Journal of*

Chromatography A **842** 163-205.

12. Kolb B e Ettre L S (1997) *Static Headspace Gas Chromatography:Theory and Practice*. Nova Iorque: Wiley-VCH.

13. Lawrence, R. A. & Lawrence, R. M, 2011. *Amamentação - Um guia para a profissão médica. 7th ed.* Missouri: Elsevier Mosby

14. Liley, A.W. Distúrbios do líquido amniótico. In: Assali NS ed. *Pathophisiology of Gestation*. New York: Academic Press, 1972.

15. Linden, G. & Lorient, D. Novos ingredientes no processamento de alimentos. In: Biochemistry and Agriculture, Woodhead Publishing, Cambridge, Inglaterra 1999.

16. Lucas A, Gibbs JAH, Lyster RLJ, Baum JD. Creamatocrit: técnica clínica simples para estimar a concentração de gordura e o valor energético do leite humano. BrMed J 1978;1:1018-20.

17. Mann, J., & Truswell, & A. S., eds., 2007. Essencial da nutrição humana. 3rd edição. Oxford: Oxford University Press.

18. McNair, H. M., & Miller, J. M, 2009. *Basic gas chromatography.* 2nd ed. Nova Jersey: Wiley

19. Mann, J.C., Hobbs, J.B., Banthorpe, D.V., Harborne, J.B. *Natural products: their chemistry and biological significance.* Harlow, Essex, Inglaterra: Longman Scientific & Technical. 1994. pp. 309-11.

20. Mennella, J.A. & Beauchamp, G.K. The transfer of alcohol to human milk: effects on flavour and the infant's behaviour. *New England Journal of Medicine.* 1991; 325:981-985.

21. Mennella, J. A. & Beauchamp, G.K. Prenatal and postnatal flavour learning in human infants. *Pediatrics.* 2001; 107:E88.

22. Mennella, J. A. & Beauchamp, G.K. The human infants' responses to vanilla flavours in human milk and formula. *Infant Behavioural Development.* 1996; 19:13-19 .

23. Mennella, J.A. & Beauchamp, G.K. The transfer of alcohol to human milk: effects on flavour and the infant's behaviour. *New England Journal of Medicine.* 1991; 325:981-985.

24. Mennella, J.A. & Beauchamp, G.K. The effects of repeated exposure to garlic- flavoured milk on the nurslings' behaviour. *Pediatric Research.* 1993; 34:805808.

25. Munning D J e Nursten H E (1985) Flavour of milk and milk products. Em *Developments in Dairy Chemistry-3. Lactose and Minor Constituents,* pp 217239. Fox P F, ed. Londres: Elsevier Applied Science Publishers.

26. Pritchard, J.A. Deglutition by normal and anecephalic foetuses. *Obstetrics & Gynecology.* 1965; 25:289-297.

27. Ruth, V. M. S, Floris. V, Fayoux. S. Characterisation of the volatile profiles of infant formulas by proton transfer reaction-mass spectrometry and gas chromatography-mass spectrometry. Departamento de Ciências Alimentares e Nutricionais, University College Cork, Western Road, Cork, Irlanda. Recebido em 31 de janeiro de 2005; aceite em 10 de junho de 2005

28. Sandgruber.S, Much.D, Gassner.U.A, Hauner.H, Beutner.A. Caracterização sensorial e molecular dos perfis de odor do leite humano após a suplementação materna com óleo de peixe durante a gravidez e a amamentação. Universidade Técnica de Munique, 2010.

29. Sarkar.S. Nutritional aspects of breast milk (Aspectos nutricionais do leite materno). Nutrition & Food Science Volume 34, Emerald Group Publishing Limited, 2004

30. Schaal, B., Marlier, L. & Soussignan, L. Human foetuses learn odours from their pregnant mother's diet. *Chemical Senses.* 2000; 25:729-737

31. Sharma S, Pandit GG, Sahu S, Fernandez K, Badhwar AR, Mandkar VR, et al. Resíduos de pesticidas organoclorados no leite humano em Mumbai, Índia. Proc X simpósio nacional sobre o ambiente; 2001. p. 234-337.

32. Smith, M.B. & March, J. *Advanced Organic Chemistry: Reacções, Mecanismos e Estrutura* (6ª ed.), Nova Iorque: Wiley-Interscience 2007.

33. Srilakshmi, B, 2003. *Food Science.* 3rd ed. Nova Deli: New Age International.

34. Tatzer, E., Schubert, M.T., Timischi, W. & Simbruner, G. Discriminação do gosto e preferência pelo doce em bebés prematuros. *Early Human Development.* 1985; 12:23-30.

35. Varnam, A. H. & Sutherland, J. P., (1994). Leite e produtos lácteos: Technology, Chemistry and Microbiology. Publicado por Chapman & Hall, Nova Iorque, pp. (1, 103).

36. Walker, A. F, E.ed, 1990. *Applied human nutrition: for food scientists and home economists.* Cornualha: Ellis Horwood

37. Walstra, P., Wouters, J.T.M. & Geurts, T.J., (2006). Dairy Science and Technology, Segunda Edição. Publicado por Taylor and Francis Group, LLC, Nova Iorque, pp. (3, 27).

38. WangCD, Chu PS,MellemBG, Shenai JP. Creamatocrit and the nutrient composition of human milk. J Perinatol 1999;19:343-6.

39. Widder, S., Eggers, M., Looft, J., Voessing, T., & Pickenhagen, W. (2004). New flavor compounds from orange essence oil (New York, NY, United States). Food Science and Technology, 131 (Handbook of Flavor Characterization), 207-216.

40. Williams, R.D. e Stehlin, I. (1997), "Breast milk or formula? Making the right choice for your baby", FDA Consumer, Vol. 31, pp. 86-92.

41. Zlatkis, A., & Ettre, L. S., 1967. *Practise of gas chromatography*. 15th ed.

8. Apêndice:

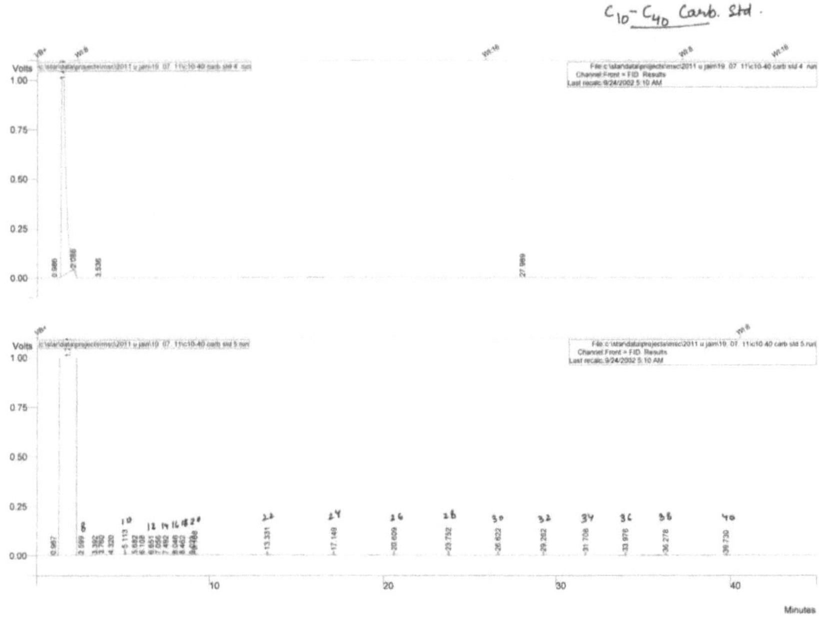

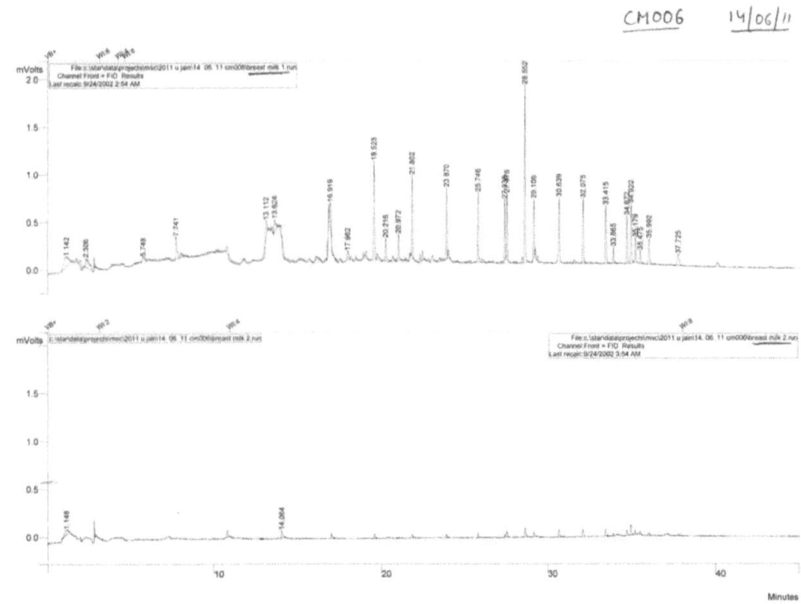

Print Date: Tue Sep 24 00:40:21 2002 28/6

Title :
Run File : c:\star\data\projects\msc\2011 u jain\28. 06. 11\cmr101 1.run
Method File : c:\docume~1\admini~1\locals~1\temp\~cmr101 1-front.tmp
Sample ID : CMR101 1

Injection Date: 9/24/2002 2:14 AM Calculation Date: 9/24/2002 5:57 AM

Operator : Richard
Workstation:
Instrument : GC CP3900
Channel : Front = FID

Detector Type: 39XL (1 Volt)
Bus Address : 44
Sample Rate : 20.00 Hz
Run Time : 44.996 min

** Star Chromatography Workstation Version 6.00 ** 02467-6490-c65-01e1 **

Run Mode : Analysis
Peak Measurement: Peak Area
Calculation Type: Percent

Peak No.	Peak Name	Result ()	Ret. Time (min)	Time Offset (min)	Area (counts)	Sep. Code	Width 1/2 (sec)	Status Codes
1		36.0907	1.045	0.000	12531	BB	24.3	
2		1.9483	4.211	0.000	676	BB	0.0	
3		1.6752	9.125	0.000	582	BB	0.0	
4		2.3093	13.618	0.000	802	BB	10.5	
5		1.8312	15.251	0.000	636	BB	16.5	
6		8.0283	16.931	0.000	2788	BB	6.5	
7		4.8498	19.539	0.000	1684	BB	3.7	
8		1.4851	21.004	0.000	516	BB	5.8	
9		4.7388	21.811	0.000	1645	BB	3.8	
10		2.7562	23.879	0.000	957	BB	3.8	
11		2.8356	25.754	0.000	985	BB	3.9	
12		1.7820	27.353	0.000	619	BB	3.7	
13		2.4121	27.483	0.000	838	BB	4.1	
14		6.1608	28.566	0.000	2139	BB	3.3	
15		2.2447	29.112	0.000	779	BB	4.1	
16		3.7723	30.645	0.000	1310	BB	4.3	
17		3.1761	32.081	0.000	1103	BB	4.1	
18		2.8997	33.422	0.000	1007	BB	4.3	
19		2.6160	34.678	0.000	908	BB	4.4	
20		2.6510	34.930	0.000	920	BB	3.7	
21		2.2105	35.998	0.000	768	BB	6.0	
22		1.5263	37.737	0.000	530	BB	6.7	
	Totals:	100.0000		0.000	34723			

Total Unidentified Counts : 34722 counts

Detected Peaks: 126 Rejected Peaks: 104 Identified Peaks: 0

Multiplier: 1 Divisor: 1 Unidentified Peak Factor: 0

Baseline Offset: -99 microVolts LSB: 1 microVolts

Noise (used): 3 microVolts - monitored before this run

Manual injection

****

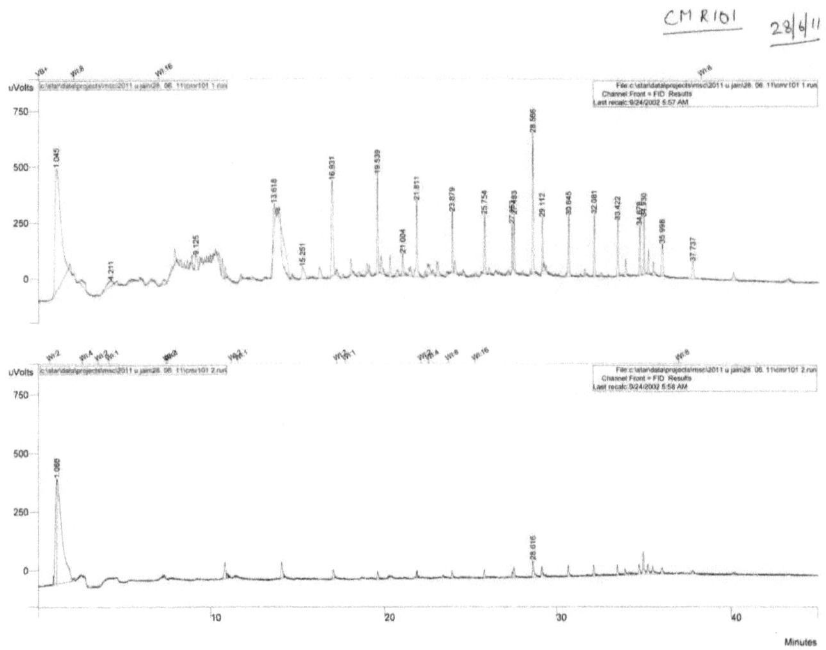
CMR101
28/6/11
uVolts
750
500
250
0
10
20
30
40
Minutes

Print Date: Tue Sep 24 00:14:56 2002 Page 1 of 1

Title :
Run File : c:\star\data\projects\msc\2011 u jain\12. 07. 11\cmrl002- 1 2.run
Method File : C:\star\Methods\Projects\MSc\2011 U Jain\Formula 2.mth
Sample ID : CMRL002- 1 2

Injection Date: 9/24/2002 3:16 AM Calculation Date: 9/24/2002 4:01 AM

Operator : Richard
Workstation:
Instrument : GC CP3900
Channel : Front = FID

Detector Type: 39XL (1 Volt)
Bus Address : 44
Sample Rate : 20.00 Hz
Run Time : 44.992 min

** Star Chromatography Workstation Version 6.00 ** 02467-6490-c65-01e1 **

Run Mode : Analysis
Peak Measurement: Peak Area
Calculation Type: Percent

Peak No.	Peak Name	Result ()	Ret. Time (min)	Time Offset (min)	Area (counts)	Sep. Code	Width 1/2 (sec)	Status Codes
1		27.5449	1.131	0.000	6642	VV	27.5	
2		2.6810	4.000	0.000	647	BV	0.0	
3		2.5752	7.286	0.000	621	BV	29.0	
4		5.0427	10.793	0.000	1216	VV	7.7	
5		2.0892	11.328	0.000	504	VP	30.7	
6		2.8934	14.081	0.000	698	VV	5.4	
7		2.4508	27.483	0.000	591	VV	5.8	
8		3.3952	28.588	0.000	819	VV	5.0	
9		3.2466	29.126	0.000	783	VV	5.7	
10		3.0523	30.649	0.000	736	VV	5.4	
11		3.7252	32.081	0.000	898	VV	5.2	
12		4.8813	33.421	0.000	1177	VV	5.1	
13		3.1806	34.165	0.000	767	VV	0.0	
14		4.5318	34.677	0.000	1093	VV	5.2	
15		5.8674	34.925	0.000	1415	VV	4.3	
16		3.7921	35.182	0.000	914	VV	5.7	
17		5.0637	35.472	0.000	1221	VV	9.3	
18		6.9002	35.991	0.000	1664	VV	7.5	
19		3.1370	37.073	0.000	756	VV	0.0	
20		3.9495	37.726	0.000	952	VV	12.0	
	Totals:	100.0001		0.000	24114			

Total Unidentified Counts : 24115 counts

Detected Peaks: 86 Rejected Peaks: 66 Identified Peaks: 0

Multiplier: 1 Divisor: 1 Unidentified Peak Factor: 0

Baseline Offset: -55 microVolts LSB: 1 microVolts

Noise (used): 1 microVolts - monitored before this run

Manual injection

****

CMRL002-1 21/6/11

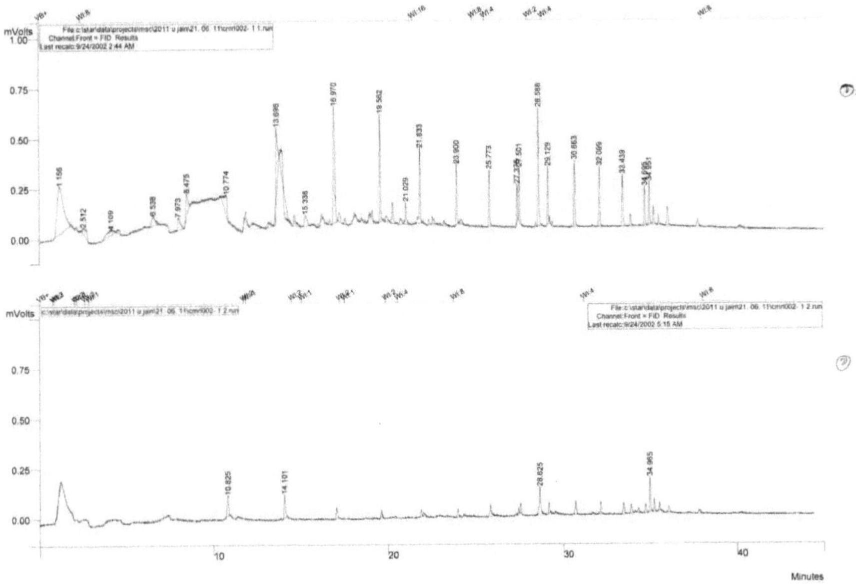

9/6

Print Date: Tue Sep 24 00:47:04 2002 Page 1 of 1

Title :
Run File : c:\star\data\projects\msc\2011 u jain\9. 06. 11\milk 1ml 1.run
Method File : c:\docume~1\admini~1\locals~1\temp\~milk 1ml 1-front.tmp
Sample ID : milk 1ml 1

Injection Date: 9/24/2002 2:33 AM Calculation Date: 9/24/2002 3:34 AM

Operator : Richard
Workstation:
Instrument : GC CP3900
Channel : Front = FID

Detector Type: 39XL (1 Volt)
Bus Address : 44
Sample Rate : 20.00 Hz
Run Time : 44.998 min

** Star Chromatography Workstation Version 6.00 ** 02467-6490-c65-01e1 **

Run Mode : Analysis
Peak Measurement: Peak Area
Calculation Type: Percent

Peak No.	Peak Name	Result ()	Ret. Time (min)	Time Offset (min)	Area (counts)	Sep. Code	Width 1/2 (sec)	Status Codes
1		10.5274	1.111	0.000	4582	BB	39.9	
2		1.1693	1.921	0.000	509	BB	41.0	
3		1.2322	7.211	0.000	536	BB	24.5	
4		1.4117	13.544	0.000	614	BB	10.6	
5		1.2278	16.286	0.000	534	BB	14.2	
6		8.4672	16.936	0.000	3685	BB	7.3	
7		1.3845	18.069	0.000	603	BB	11.7	
8		5.0841	19.545	0.000	2213	BB	3.7	
9		1.5525	20.249	0.000	676	BB	3.8	
10		1.7946	21.001	0.000	781	BB	3.9	
11		5.0938	21.816	0.000	2217	BB	3.4	
12		3.1953	23.884	0.000	1391	BB	3.6	
13		3.8081	25.759	0.000	1657	BB	3.5	
14		2.9004	27.354	0.000	1262	BB	3.1	
15		3.3075	27.488	0.000	1440	BB	3.7	
16		10.2383	28.567	0.000	4456	BB	3.1	
17		4.5210	29.117	0.000	1968	BB	3.7	
18		4.7506	30.649	0.000	2068	BB	3.9	
19		4.1840	32.084	0.000	1821	BB	3.8	
20		3.8980	33.425	0.000	1697	BB	3.9	
21		1.6089	33.873	0.000	700	BB	3.4	
22		3.1150	34.682	0.000	1356	BB	3.9	
23		5.4452	34.929	0.000	2370	BB	3.2	
24		2.4035	35.186	0.000	1046	BB	3.4	
25		1.8261	35.484	0.000	795	BB	4.0	
26		2.5993	36.003	0.000	1131	BB	5.0	
27		1.9525	37.739	0.000	850	BB	7.0	
28		1.3013	40.068	0.000	566	BB	9.3	
	Totals:	100.0001		0.000	43524			

Total Unidentified Counts : 43523 counts

Detected Peaks: 141 Rejected Peaks: 113 Identified Peaks: 0

Multiplier: 1 Divisor: 1 Unidentified Peak Factor: 0

Baseline Offset: -10 microVolts LSB: 1 microVolts

Noise (used): 2 microVolts - monitored before this run

Manual injection

****

8/6/11

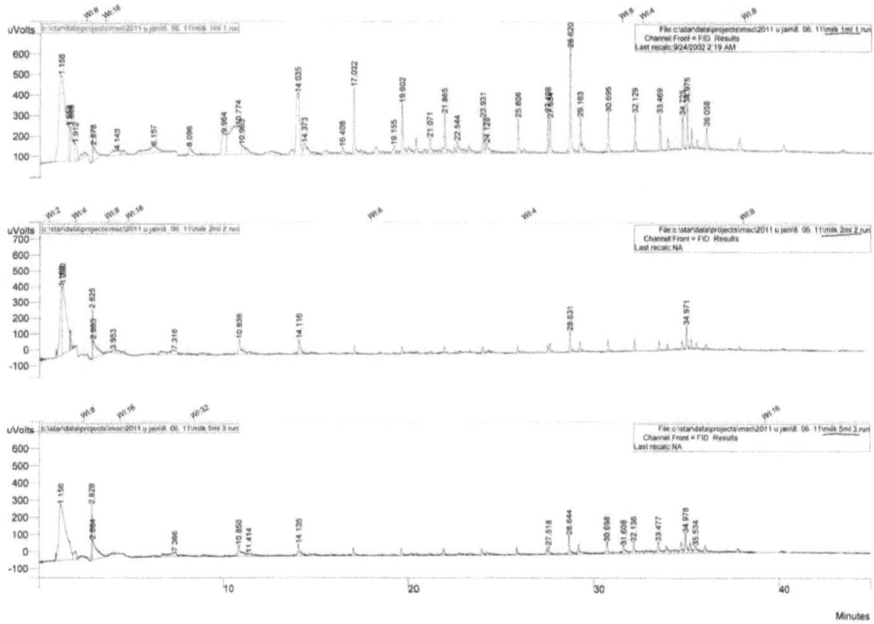

13/7

Print Date: Tue Sep 24 00:17:17 2002   Page 1 of 1

Title :
Run File : c:\star\data\projects\msc\2011 u jain\13.07.11\cml001 1.run
Method File : c:\docume~1\admini~1\locals~1\temp\~cml001 1-front.tmp
Sample ID : CML001 1

Injection Date: 9/24/2002 1:13 AM   Calculation Date: 9/24/2002 4:33 AM

Operator : Richard   Detector Type: 39XL (1 Volt)
Workstation: Bus Address : 44
Instrument : GC CP3900   Sample Rate : 20.00 Hz
Channel : Front = FID   Run Time : 44.995 min

** Star Chromatography Workstation Version 6.00 ** 02467-6490-c65-01e1 **

Run Mode : Analysis
Peak Measurement: Peak Area
Calculation Type: Percent

Peak No.	Peak Name	Result ()	Ret. Time (min)	Time Offset (min)	Area (counts)	Sep. Code	Width 1/2 (sec)	Status Codes
1		48.5143	1.091	0.000	17040	BB	24.0	
2		9.4022	10.207	0.000	3302	BB	68.9	
3		9.0905	13.934	0.000	3193	BB	15.9	
4		3.4959	16.972	0.000	1228	BB	4.6	
5		2.4196	19.547	0.000	850	BB	4.0	
6		2.3102	21.807	0.000	811	BB	4.3	
7		2.6432	27.465	0.000	928	BB	4.8	
8		4.3724	28.566	0.000	1536	BB	3.9	
9		2.4509	29.125	0.000	861	BB	5.3	
10		2.5435	30.632	0.000	893	BB	5.5	
11		1.8715	32.076	0.000	657	BB	4.7	
12		1.7823	33.416	0.000	626	BB	4.9	
13		1.7121	34.674	0.000	601	BB	5.4	
14		1.9153	34.924	0.000	673	BB	4.3	
15		1.9338	35.984	0.000	679	BB	6.4	
16		1.8946	37.711	0.000	665	BB	8.1	
17		1.6477	40.017	0.000	579	BB	9.1	
	Totals:	100.0000		0.000	35122			

Total Unidentified Counts : 35124 counts

Detected Peaks: 77   Rejected Peaks: 60   Identified Peaks: 0

Multiplier: 1   Divisor: 1   Unidentified Peak Factor: 0

Baseline Offset: -30 microVolts   LSB: 1 microVolts

Noise (used): 3 microVolts - monitored before this run

Manual injection

****

CML001 13/7/11

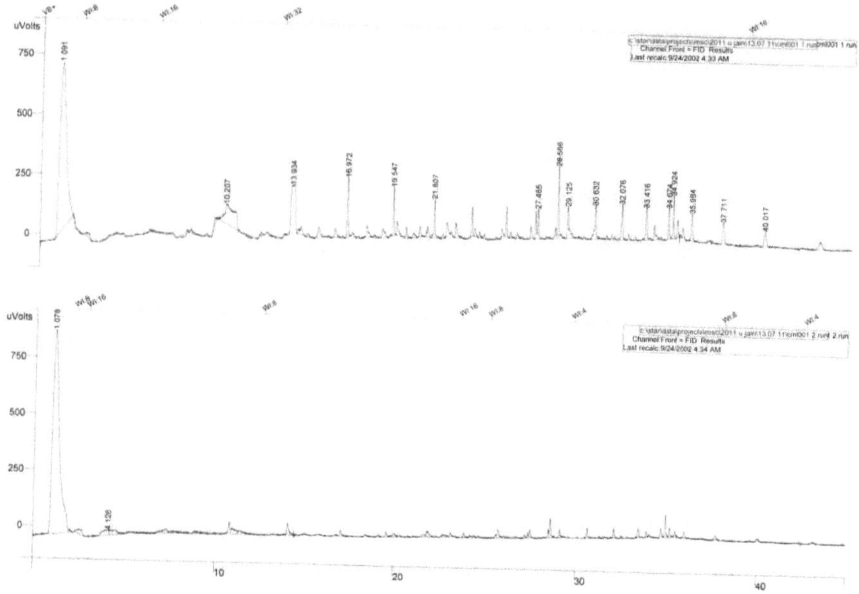

Print Date: Tue Sep 24 00:24:07 2002 Page 1 of 1

Title :
Run File : c:\star\data\projects\msc\2011 u jain\14. 07. 11\cmrl003 1.run
Method File : C:\star\Methods\Projects\MSc\2011 U Jain\Formula 2.mth
Sample ID : CMRL003 1

Injection Date: 9/24/2002 1:28 AM Calculation Date: 9/24/2002 2:13 AM

Operator : Richard
Workstation:
Instrument : GC CP3900
Channel : Front = FID

Detector Type: 39XL (1 Volt)
Bus Address : 44
Sample Rate : 20.00 Hz
Run Time : 44.992 min

** Star Chromatography Workstation Version 6.00 ** 02467-6490-c65-01e1 **

Run Mode : Analysis
Peak Measurement: Peak Area
Calculation Type: Percent

Peak No.	Peak Name	Result ()	Ret. Time (min)	Time Offset (min)	Area (counts)	Sep. Code	Width 1/2 (sec)	Status Codes
1		22.1691	1.095	0.000	6091	BV	27.4	
2		3.4123	4.252	0.000	938	BV	0.0	
3		9.8146	10.217	0.000	2697	BV	26.8	
4		2.1619	10.447	0.000	594	VV	26.8	
5		6.9120	10.519	0.000	1899	VV	49.5	
6		2.3639	12.583	0.000	650	BV	31.4	
7		9.1974	13.984	0.000	2527	VV	10.3	
8		3.6017	16.982	0.000	990	VV	4.0	
9		3.4095	19.551	0.000	937	VV	4.0	
10		2.2910	19.805	0.000	629	VV	8.3	
11		2.9027	21.813	0.000	798	VV	4.1	
12		2.0414	22.540	0.000	561	VV	8.5	
13		2.3300	23.878	0.000	640	VV	4.1	
14		2.1135	25.753	0.000	581	VV	4.4	
15		1.9990	27.480	0.000	549	VV	4.5	
16		3.9582	28.568	0.000	1088	VV	3.6	
17		3.8802	29.110	0.000	1066	VV	4.9	
18		2.9922	30.638	0.000	822	VV	4.9	
19		2.4055	32.074	0.000	661	VV	4.5	
20		2.2618	33.415	0.000	621	VV	4.6	
21		2.6624	34.671	0.000	732	VV	5.0	
22		2.7805	34.920	0.000	764	VV	4.0	
23		2.3393	35.982	0.000	643	VV	6.4	
	Totals:	100.0001		0.000	27478			

Total Unidentified Counts : 27477 counts

Detected Peaks: 100 Rejected Peaks: 77 Identified Peaks: 0

Multiplier: 1 Divisor: 1 Unidentified Peak Factor: 0

Baseline Offset: 42 microVolts LSB: 1 microVolts

Noise (used): 2 microVolts - monitored before this run

Manual injection

****

CMRL003 14/7/11

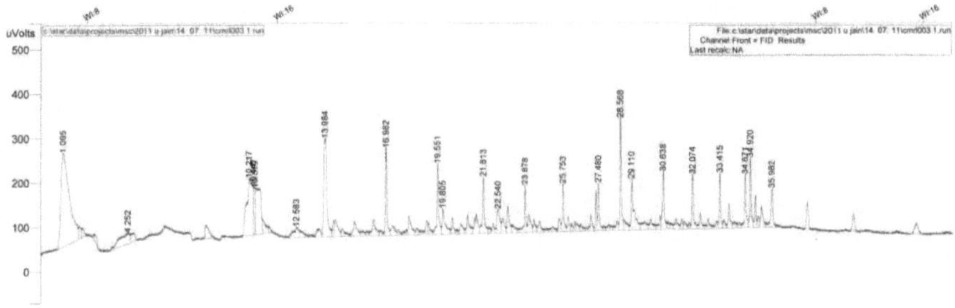

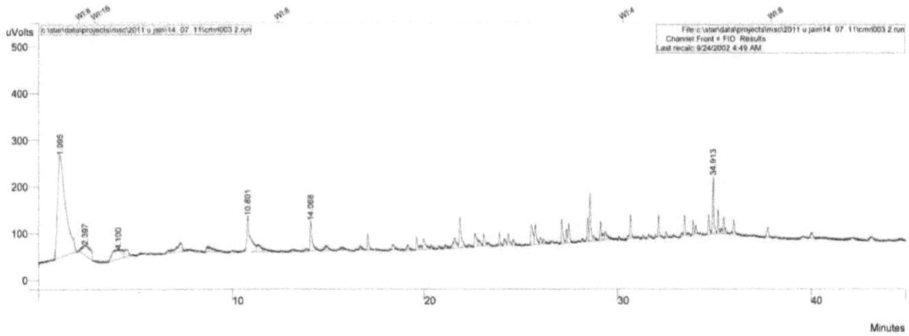

15/6

Print Date: Tue Sep 24 00:28:02 2002 Page 1 of 1

Title :
Run File : c:\star\data\projects\msc\2011 u jain\15. 06. 11\cm007 1.run
Method File : c:\docume~1\admini~1\locals~1\temp\~cm007 1-front.tmp
Sample ID : CM007 1

Injection Date: 9/24/2002 1:59 AM Calculation Date: 9/24/2002 2:45 AM

Operator : Richard
Workstation:
Instrument : GC CP3900
Channel : Front = FID

Detector Type: 39XL (1 Volt)
Bus Address : 44
Sample Rate : 20.00 Hz
Run Time : 44.994 min

** Star Chromatography Workstation Version 6.00 ** 02467-6490-c65-01e1 **

Run Mode : Analysis
Peak Measurement: Peak Area
Calculation Type: Percent

Peak No.	Peak Name	Result ()	Ret. Time (min)	Time Offset (min)	Area (counts)	Sep. Code	Width 1/2 (sec)	Status Codes
1		9.0870	1.086	0.000	2343	BB	0.0	
2		4.6613	1.387	0.000	1202	BB	0.0	
3		2.0238	4.279	0.000	522	BB	0.0	
4		13.1933	16.973	0.000	3402	BB	5.8	
5		7.3381	19.563	0.000	1892	BB	3.4	
6		2.3225	21.027	0.000	599	BB	3.5	
7		5.1660	21.832	0.000	1332	BB	3.3	
8		4.7243	23.900	0.000	1218	BB	3.4	
9		4.5480	25.774	0.000	1173	BB	3.2	
10		3.2136	27.372	0.000	829	BB	3.1	
11		3.8785	27.504	0.000	1000	BB	3.5	
12		11.0264	28.585	0.000	2843	BB	3.0	
13		3.9891	29.131	0.000	1029	BB	3.5	
14		5.5017	30.666	0.000	1419	BB	3.7	
15		4.9790	32.102	0.000	1284	BB	3.6	
16		4.4286	33.441	0.000	1142	BB	3.7	
17		3.5318	34.699	0.000	911	BB	3.6	
18		3.8846	34.949	0.000	1002	BB	3.2	
19		2.5024	36.028	0.000	645	BB	4.9	
	Totals:	100.0000		0.000	25787			

Total Unidentified Counts : 25787 counts

Detected Peaks: 208 Rejected Peaks: 189 Identified Peaks: 0

Multiplier: 1 Divisor: 1 Unidentified Peak Factor: 0

Baseline Offset: -86 microVolts LSB: 1 microVolts

Noise (used): 2 microVolts - monitored before this run

Manual injection

****

CM007 15/6/11

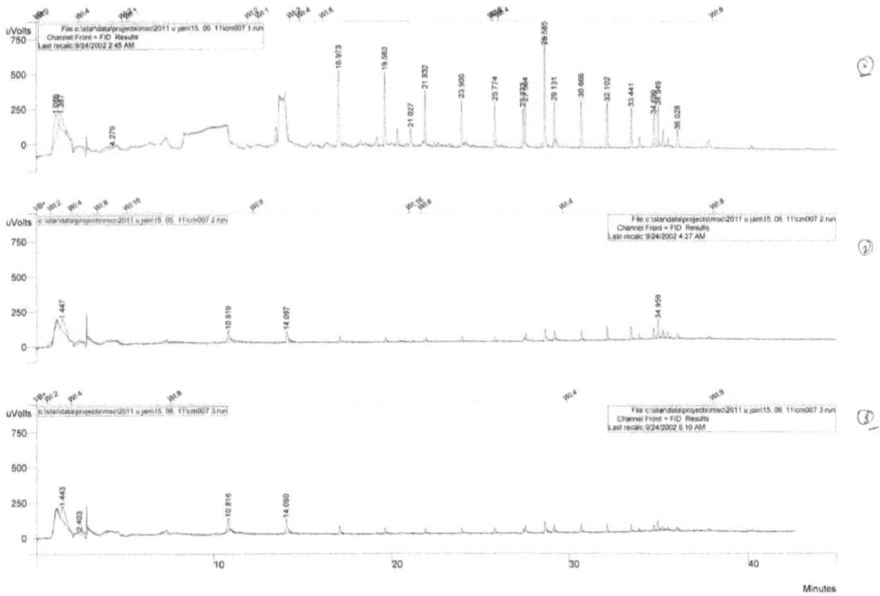

Semi Skim milk 22/6/11

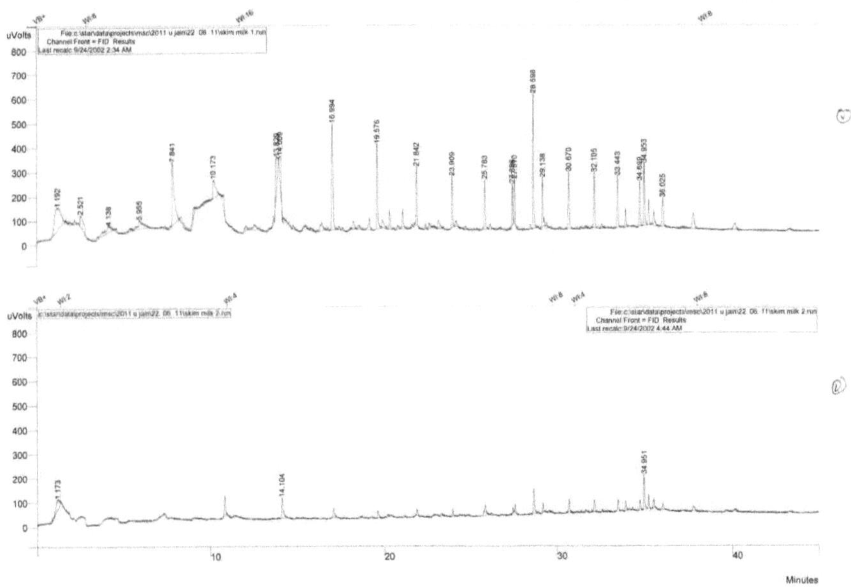

Print Date: Tue Sep 24 00:11:42 2002 Page 1 of 1

Title :
Run File : c:\star\data\projects\msc\2011 u jain\1. 07. 11\semi skim milk 1.ru
Method File : c:\docume~1\admini~1\locals~1\temp\~semi skim milk 1-front.tmp
Sample ID : semi skim milk 1

Injection Date: 9/24/2002 1:35 AM Calculation Date: 9/24/2002 4:42 AM

Operator : Richard
Workstation:
Instrument : GC CP3900
Channel : Front = FID

Detector Type: 39XL (1 Volt)
Bus Address : 44
Sample Rate : 20.00 Hz
Run Time : 45.000 min

** Star Chromatography Workstation Version 6.00 ** 02467-6490-c65-01e1 **

Run Mode : Analysis
Peak Measurement: Peak Area
Calculation Type: Percent

Peak No.	Peak Name	Result ()	Ret. Time (min)	Time Offset (min)	Area (counts)	Sep. Code	Width 1/2 (sec)	Status Codes
1		10.5912	1.162	0.000	3198	BB	47.3	
2		2.4085	5.810	0.000	727	BB	18.8	
3		6.9125	7.824	0.000	2087	BB	12.5	
4		11.6551	9.959	0.000	3519	BB	13.6	
5		3.9442	13.491	0.000	1191	BB	5.7	
6		2.0870	13.758	0.000	630	BB	8.2	
7		1.7869	15.326	0.000	539	BB	11.3	
8		7.1453	16.940	0.000	2157	BB	5.4	
9		1.7803	18.024	0.000	538	BB	7.7	
10		4.2661	19.523	0.000	1288	BB	3.8	
11		3.4858	21.791	0.000	1052	BB	3.7	
12		2.5744	23.859	0.000	777	BB	3.8	
13		2.6547	25.735	0.000	802	BB	3.9	
14		1.7568	27.332	0.000	530	BB	3.5	
15		2.2544	27.463	0.000	681	BB	4.1	
16		6.5017	28.543	0.000	1963	BB	3.3	
17		3.1727	29.091	0.000	958	BB	4.2	
18		3.9903	30.622	0.000	1205	BB	4.2	
19		3.6437	32.058	0.000	1100	BB	4.1	
20		3.0969	33.399	0.000	935	BB	4.1	
21		2.8581	34.655	0.000	863	BB	4.2	
22		4.7625	34.902	0.000	1438	BB	3.5	
23		2.0173	35.157	0.000	609	BB	4.1	
24		2.5289	35.967	0.000	764	BB	5.7	
25		2.1249	37.690	0.000	642	BB	6.7	
	Totals:	100.0002		0.000	30193			

Total Unidentified Counts : 30192 counts

Detected Peaks: 116 Rejected Peaks: 91 Identified Peaks: 0

Multiplier: 1 Divisor: 1 Unidentified Peak Factor: 0

Baseline Offset: -11 microVolts LSB: 1 microVolts

Noise (used): 2 microVolts - monitored before this run

Manual injection

****

More
Books!
yes

MIX
Papier aus verantwortungsvollen Quellen
Paper from responsible sources
FSC® C105338

Printed by Books on Demand GmbH, Norderstedt / Germany